AF377776

RECHERCHES

SUR LA

FAUNE DE MADAGASCAR

ET DE

SES DÉPENDANCES,

D'APRÈS LES DÉCOUVERTES

DE

FRANÇOIS P. L. POLLEN et D. C. VAN DAM.

5ᵐᵉ PARTIE.

LEIDE,
E. J. BRILL, ÉDITEUR.
1874.

INSECTES, CRUSTACÉS, ÉCHINODERMES

ET

MOLLUSQUES

PAR

S. C. SNELLEN VAN VOLLENHOVEN,

Docteur en droit et ès Sciences, Conservateur du Musée Royal d'histoire naturelle des Pays-Bas.

Baron EDM. DE SÉLYS LONGSCHAMPS,

Officier de l'ordre de Léopold, Sénateur, Membre de l'Academie Royale des Sciences de Belgique et de
plusieurs autres Sociétés savantes.

C. K. HOFFMANN,

Docteur en médecine et ès Sciences, Membre de l'Academie royale des Sciences, Conseavateur du
Musée Royal d'histoire naturelle des Pays-Bas.

ET

FRANÇOIS P. L. POLLEN,

Vice-Consul de l'Empire Germanique à Schéveningue, Aide-naturaliste honoraire et voyageur du Musée
Royal d'histoire naturelle des Pays-Bas, Redacteur du Journal des Pêches; Chevalier du Lion
Néerlandais et de différents ordres étrangers, Membre de plusieurs Sociétés savantes.

INSECTES

DE

MADAGASCAR ET DE SES DÉPENDANCES

PAR

S. C. SNELLEN VAN VOLLENHOVEN

ET

EDM. DE SÉLYS LONGSCHAMPS.

RECHERCHES

SUR LA

FAUNE DE MADAGASCAR

ET DE

SES DÉPENDANCES,

D'APRÈS LES DÉCOUVERTES

DE

D^R. FRANÇOIS P. L. POLLEN ET D. C. VAN DAM.

5me PARTIE.

LEIDE,
E. J. BRILL, ÉDITEUR.
1877.

INSECTES

PAR

S. C. SNELLEN VAN VOLLENHOVEN,

ET

BARON E. DE SÉLYS LONGCHAMPS.

—

CRUSTACÉES ET ECHINODERMES

PAR

C. K. HOFFMANN.

—

MOLLUSQUES

PAR

J. G. DE MAN.

LISTE DES INSECTES

RAPPORTÉS DE L'ÎLE DE LA RÉUNION, DES ÎLES COMORES ET DE MADAGASCAR.

PAR

MM. POLLEN ET VAN DAM.

COLÉOPTÈRES.

1. Cicindela perplexa Dej.
   Dejean, *Spécies gen. d. Col.* I. p. 96.
   Nossi-Bé. Quatre exempl.
2. Harpalus diffusus Klug.
   Klug, *Ins. v. Madagasc.* p. 134. n⁰. 31.
   Nossi-Bé.
3. Harpalus holosericeus Dej.
   Nossi-Bé.
4. Harpalus (Selenophorus) sp.?
   Nossi-Bé.
5. Dineutes bidens Voll. (n. sp.).
   Nossi-Bé et Mayotte en Juin.
6. Dineutes praemorsus F.
   Aubé, *Hydrocanthares et Gyriniens*,
   p. 765.
   La Réunion.
7. Sternolophus unicolor Cast.
   Casteln, *Hist. nat. des Col.* II. p. 54.
   Nossi-Bé.
8. Philhydrus dilutus Er. (Wiegman,
   Arch. 1843. p. 228).
   Nossi-Bé.
9. Cercyon n. sp.?
   Nossi-Bé. Un exemplaire sans tête.

10. Dermestes vulpinus F.
    Nossi-Bé. Trois exemplaires.
11. Dermestes sp.?
    Nossi-Bé. Un exemplaire.
12. Anthrenus?
    Nossi-Bé.
13. Onthophagus Gazella F.
    Fabr., *S. El.* I. p. 35. n⁰. 23 et 47 n⁰. 76.
    Nossi-Bé, quatre exempl.; Mayotte en
    Juin 3. Les deux sexes.
14. Hybosorus Arator Ill. (Illigeri
    Reich.).
    Reiche, *Ann. de la Société entom.*
    Série 3ᵉ. Tome I. p. 88.
    Nossi-Bé. Deux exemplaires.
15. Trox n. sp.?
    Nossi-Bé. Deux exemplaires.
16. Hoplia retusa Klug.
    Klug, *Ins. v. Madag.* p. 170. n⁰. 109.
    Tab. III. fig. 9.
    La Réunion.
17. Pleophylla unicolor Voll. — n. sp.
    Nossi-Bé. Un exemplaire.
18. Hoplochelus rhizotrogoides Bl.
    Blanch, *Catal. du Museum*, p. 152.
    Nossi-Bé.

1

19. Anomala (Rhinoplia) bivittata Voll. n. sp.
Nossi-Bé. Un exemplaire.

20. Heteronychus plebejus Klug.
Klug, *Insect. v. Madag.* p. 78, 100.
Mayotte. Un exemplaire en Mai.

21. Oryctes Augias Oliv.
Olivier, *Entomol.* I. 36, 39. Pl. 24. fig. 212.
Nossi-Bé. Un mâle.

22. Oryctes Colonicus Coq.
Coquerel, *Annales de la Soc. entom.* Série 2, p. 371. Pl. 10. fig. 6.
Nossi-Bé. Les deux sexes.

23. Parachilia Pollenii Voll. n. sp.
Nossi-Bé. Un exemplaire.

24. Cetonia (Protaetia) maculata Oliv.
Gory et Percheron, *Cetoniades* Tab. 36. fig. 1.
La Réunion. Quelques exemplaires.

25. Psiloptera Mayottensis Voll. n. sp.
(Se place entre *Comorica* Mann. et *viridicornis* Gory).
Mayotte au mois de Juin. Deux ex.

26. Psiloptera Coquereli Laferté.
Nossi-Bé. Un exemplaire.

27. Chrysobothris Boschismanni Gory, var.
Cette variété ne diffère que par la ponctuation bronzée du front.
Nossi-Bé. Un exemplaire.

28. Eros sp.?
Nossi-Bé. Un exempl. détérioré.

29. Atractocerus madagascariensis Cast.
Castelnau in Silbermann, *Revue entom.* IV. p. 59.
Nossi-Bé. Un exemplaire.

30. Bostrichus cornutus Oliv.
Olivier, *Entom.* IV, 77. p. 7. Pl. 1. fig. 5.
Mayotte en Juin. Quelques exempl.

31. Bostrichus iracundus Voll. n. sp.
Nossi-Bé. Deux exemplaires.

32. Necrobia rufipes de Geer.
Nossi-Bé.

33. Pseudoblaps, Guérin (Notocera, Muls.).. sp.?
Nossi-Bé. Quelques exemplaires.

34. Eurynotus Kirby .. sp.?
Nossi-Bé.

35. Opatrum n. sp.
Nossi-Bé.

36. Opatrinus insularis ♂, Muls. et Rey (in Muls. *Op.* IV. 95).
Mayotte au mois de Juin. Un ex.

37. Alphitobius?
Nossi-Bé. Un ex. en très-mauvais état.

38. Lagria obscura F.
Fabr., *S. El.* II. p. 70. n°. 9. Klug, *Ins. v. Madag.* p. 187. n°. 148.
Nossi-Bé. Quelques exemplaires.

39. Cratopus punctum F.
Schönherr, *Gen. et spec. Curc.* II. p. 53. 13.
La Réunion. Plusieurs exemplaires.

40. Cratopus sumptuosus Schönh.
Schönherr, *Gen. et spec. Curcul.* II. p. 50. n°. 8.
La Réunion. Un exemplaire.

41. Cryptorhynchus Mangiferae F.
Fort commun à la Réunion.

42. Eugnoristus (Calandra) monachus Oliv.
Olivier, *Entom.* V. p. 90. *Curcul.* Pl. 28. fig. 411.
La Réunion. Un exemplaire.

43. Conocephalus limbatus F.
Nossi-Bé. Trois exemplaires.

44. Platypus madagascariensis Chap.
Chapuis, *Monogr. des Platypides,* p. 161. n°. 74. fig. 74 ♂ et ♀.
Nossi-Bé.

45. Callichroma albitarsis F.
La Réunion. Un exemplaire.

46. Xystrocera globosa Oliv.
La Réunion.

47. Ceresium n. sp.?
Espèce très-voisine du *Ceresium simplex* de Newman.
Mayotte. Les deux sexes.

48. Phymasterna (Lamia) sparsa Klug.
    Klug, *Insect. von Madagasc.*, p. 207.
    n°. 192. Tab. V. fig. 5.
    Mayotte en Juin.
49. Phymasterna? humeralis Voll. n. sp.
    Nossi-Bé. Un exemplaire.
50. Sternotomis Thomsonii Buq.
    Mayotte. Plusieurs exemplaires.
51. Coccinella . . . .
    Nossi-Bé.

ORTHOPTÈRES.

52. Gryllotolpa africana Pal. d. Bauv.
    Palisot de Beauvois, *Ins. d'Afrique et
    d'Amérique*, p. 229. Orth. Pl. II. f. 6.
    Nossi-Bé. Mâle et femelle.
53. Aprion n. sp.?
    Nossi-Bé. Deux femelles, privées
    d'ailes.
54. Acridium (Oxya) velox F.?
    Madagascar. Deux mâles.
55. Oedipoda virgula Voll. n. sp.
    Madagascar. Deux individus.
56. Oedipoda sp.? très-voisine de la *grossa*
    Oliv. d'Europe.
    Madagascar. Deux individus.
57. Oedipoda sp.?
    Madagascar. Un individu.

NEUROPTÈRES.

Voyez les descriptions dans le mémoire
de M. le Baron de Selys Longchamps,
faisant suite aux descriptions d'espèces
nouvelles des autres ordres par M. le
Docteur Snellen van Vollenhoven).
58. Palpopleura vestita Rambur.
    Nossi-Faly. Plusieurs couples.
59. Palpopleura marginata Pal. d. Bauv.
    Nossi-Faly. Trois mâles.
60. Libellula Selika de Selys n. sp.
    Nossi-Faly. Quelques exemplares.
61. Libellula affinis Ramb.
    Nossi-Faly.

62. Libellula coronata de Selys.
    Nossi-Bé. Un exemplaire mâle —
    sans abdomen.
63. Neophlebia (n. g.) Polleni de Selys
    n. sp.
    Nossi-Bé. Quelques mâles.
64. Myrmeleon Aegyptiacus Ramb.
    Nossi-Faly. Deux exemplaires en-
    dommagés.

HYMÉNOPTÈRES.

65. Braco . . . .
    Mayotte en Juin. Trois mâles et une
    femelle.
66. Formica sex-maculata? Klug.
    Nossi-Bé. Une femelle.
67. Pelopaeus hemipterus F.
    La Réunion. Un individu.
68. Ampulex compressa Jur.
    La Réunion. Quelques exemplaires.
69. Bembex olivacea F.
    Mayotte en Mai. Différents individus.
70. Polistes Hebraeus F.
    La Réunion. Plusieurs exemplaires.
71. Xylocopa apicalis Smith.
    Mayotte, un individu; Nossi-Faly en
    Sept. deux autres.

LÉPIDOPTÈRES.

72. Papilio Demoleus L.
    Cramer 231 A. B. Boisduval, *Faune
    de Madag.* p. 12. n°. 2.
    Mayotte.
73. Papilio disparilis Boisd.
    Boisduval, *Faune Madag.* p. 15. n°. 5.
    Pl. 1. fig. 2.
    Nossi-Bé. Un individu mâle.
74. Pieris Elisa Voll. n. sp.
    Mayotte en Juin. Les deux sexes.
75. Pontia Dorothea F. (sylvicola Boisd.).
    Fabr., *Entom. Syst.* III. 194. n°. 602.
    Boisd., *Faune Madag.* p. 20.
    Mayotte. En Juin.

76. Callidryas Florella F.
Fabr., *Ent. Syst.* 479. n°. 179. Boisd.,
Sp. Gén. p. 608.
Mayotte. Trois mâles.

77. Callidryas Hyblaea Boisd.
Boisduval, *Spéc. Gén.* p. 612. n°. 7. ♀.
Mayotte. Les deux sexes.

78. Anthocharis Evanthe Boisd.
Boisduval, *Spéc. Gén.* p. 567. n°. 13.
Mayotte et Nossi-Bé.

79. Anthocharis Theogone? Boisd.
Boisduval, *Spéc. Gén.* p. 575. n. 23. —
(Les ailes supérieures de la femelle sont
très-obtuses et ses ailes inférieures ne
sont point traversées par une raie sinu-
euse et coudée).
Mayotte en Mai. Les deux sexes.

80. Terias pulchella Boisd.
Boisduval, *Faune de Madag.* p. 20.
Pl. 2. fig. 7.
Mayotte en Juin. Plusieurs individus.

81. Terias floricola Boisd.
Boisduval, *Faune de Mad.* p. 21. n°. 2.
Mayotte en Mai.

82. Terias Desjardinsii Boisd.
Boisduval, *Faune de Madag.* p. 22.
Pl. 2. fig. 6.
Mayotte. Trois individus.

83. Euploea Goudotii Boisd.
Boisduval, *Faune de Madag.* p. 36.
Pl. 3. fig. 2.
Nossi-Bé. Un exemplaire.

84. Danaus Chrysippus L.
Nossi-Faly et Mayotte. Fort commun.

85. Acraea Mahela Boisd.
Boisduval, *Faune de Madag.* p. 31.
Pl. 6. fig. 1.
Mayotte en Mai et Juin. Dix exempl.

86. Acraea punctatissima Boisd.
Boisduval, *Faune de Madag.* p. 51.
Pl. 6. fig. 2.
Nossi-Bé et Nossi-Faly. Des plus
communs.

87. Acraea Dammii Voll. n. sp.
Nossi-Bé. Un exemplaire.

88. Acraea Manjaca Boisd.
Boisduval, *Faune de Mad.* p. 33. Pl. 4.
fig. 6 et Pl. 5. fig. 6 et 7.
Nossi-Bé. Plusieurs individus.

89. Acraea Sganzini Boisd.
Boisduval, *Faune de Madag.* p. 34.
Pl. 6 fig. 6 et 7.
Nossi-Bé. Un exemplaire.

90. Argynnis (Atella) Phalanta Drur.
var.
Drury, *Exot. Entom.* I. tab. 21. fig.
1 et 2. Cramer, *Pap. exotiq.* 238 et
357.
Plusieurs exempl. de Mayotte, Nossi-
Faly et Nossi-Bé.

91. Vanessa (Junonia) Rhadama Boisd.
Boisduval, *Faune de Madag.* p. 44.
Pl. 7. fig. 2.
Nossi-Bé. Deux exemplaires.

92. Vanessa Hippomene Hübn.
Boisduval, *Faune de Madag.* p. 43.
Pl. 8. fig. 3 et 4.
Nossi-Bé. Un exemplaire défectueux.

93. Salamis Augustina Boisd.
Boisduval, *Faune de Madag.* p. 47.
Pl. 8. fig. 1.
Nossi-Bé. Un exemplaire; un autre
de Mayotte.

94. Aterica Rabena Boisd.
Boisduval, *Faune de Madag.* p. 47.
Pl. 8. fig. 2.
Nossi-Bé. Un exemplaire.

95. Limenitis (Neptis) Dumetorum
Boisd.
Boisduval, *Faune de Madag.* p. 50.
Pl. 7. fig. 6.
Nossi-Bé. Un individu.

96. Limenitis (Neptis) Agatha Cram.
(Melicerte F.).
Cramer, *Pap. exotiques* 327. A. B.
Mayotte en Juin. Un exemplaire,

97. Lycaena boetica L.
Très-commun à Mayotte.

98. Lycaena sp.?
Deux ex. à Mayotte au mois de Juin,

99. Cyllo Banksia F.
  Mayotte en Juin. Un exemplaire
  offrant une teinte plus rouge que
  les individus des Indes Orientales.
100. Mycalesis (Satyrus) Narcissus F.
  var.
  Fabr., *Ent. Syst. V Suppl.* p. 428.
  n°. 672—3.
  Mayotte au printemps. Un exempl.
101. Hypanis (Biblis) Anvatara Boisd.
  Boisduval, *Faune de Madag.* p. 56.
  Pl. 7. fig- 5.
  Très-commune à Mayotte au mois
  de Mai et de Juin, dans les champs
  de manioc.
102. Hesperia (Ismene) Florestan Cram.
  Cramer, *Pap. exot.* IV. 391. fig. E. F.
  Nossi-Bé. Un exemplaire.
103. Hesperia Ophion Stoll.
  Stoll, *Suppl. à Cram.* Pl. 26. fig. 4.
  Boisduval, *l. c.* p. 62. Pl. 9. fig. 4.
  Mayotte. Un exemplaire.
104. Macroglossa Milvus Boisd.
  Boisduval, *Fauna de Madag.* p. 78.
  Pl. 10. fig. 3.
  Nossi-Bé. Un exemplaire.
105. Euchromia formosa Boisd.
  Boisduval, *Faune de Madag.* p. 82.
  Pl. 11. fig. 3.
  Nossi-Faly. Trois exemplaires.
106. Deiopeia (Lithosia) Pylotis F. (A-
  straea Dr.).
  Fabr., *Ent. Syst.* III, 1. p. 479. n°.
  222. Boisduval, *l. c.* p. 85.
  Un exempl. de Nossi-Faly et deux
  de Nossi-Bé.
107. Deiopeia formosa Boisd. (venusta
  Hübn.).
  Hübner, *Zuträge* n°. 521 et 522. Bois-
  duval, *l. c.* p. 85.
  Nossi-Bé.
108. Deiopeia pulchra Esp.
  Esper, *Ausländ. Schmett.* Tab. 164.
  noct. 85.
  Nossi-Bé. Un exemplaire.

109. Deiopeia occultans Voll. n. sp.
  Nossi-Bé. Un exemplaire.
110. Achaea (Ophiusa) Lienardi Boisd.
  Boisduval, *Faune de Madag.* p. 102.
  Pl. 15. fig. 5.
  Nossi-Faly. Un exemplaire.
111. Cyligramma acutior Guen.
  Guenée, *Suites à Buffon* Noct. Tom.
  VII. p. 187.
  Mayotte en Mai. Deux exemplaires.

HÉMIPTÈRES.

112. Podops breviscutum Voll. n. sp.
  Nossi-Bé. Un individu.
113. Aethus capicola? Hope.
  Nossi-Bé, un individu. Si ce n'est
  la vraie Capicola de Hope, c'en est
  une variété ou du moins une espèce
  très-voisine.
114. Aethus n. sp.
  Nossi-Bé. Trois exemplaires, dété-
  riorés.
115. Aspongopus nigroviolaceus? Pal.
  d. Beauv.
  Palisot de Beauvois, *Insectes d'Afr.
  et d'Amér.* p. 83. Pl. VII. fig. 4.
  Mayotte en Mai. Un exemplaire.
116. Mictis horrifica Hope (pectora-
  lis Germ.).
  Hope, *Catalog. of Hemipt.* Part. 2.
  p. 12.
  Les deux sexes de Mayotte et de
  Nossi-Faly.
117. Choerommatus niger Voll. n. sp.
  Mayotte en Juin. Un exemplaire.
118. Dysdercus (Pyrrhocoris) flavi-
  dus Sign.
  Deux exemplaires de Mayotte et un
  de Nossi-Faly.
119. Conorhinus phyllosoma? Burm.
  Nossi-Bé. Un exemplaire détérioré.
120. Cicada (Platypleura) hirtipen-
  nis? Germ.
  Nossi-Bé. Un exemplaire.

121. Cicada (Dundubia) sp.?
Trois exemplaires de Madagascar.
122. Fulgora (Pyrops) tenebrosa F.
Mayotte. Un exemplaire adulte et une quantité de larves. Celles–ci rôties sont un mets délicat pour les indigènes; on le désigne sous le nom de Sacombé.
123. Colobesthes sp.?
Trois exemplaires de Nossi-Bé.
124. Colobesthes sp.?
Un exemplaire de Nossi-Bé.

En outre MM. Pollen et van Dam rapportèrent de leur voyage 3 espèces de Diptères, plusieurs Arachnides et une Scolopendre, qui n'ont pas été déterminés, ainsi qu'un cocon de Bombycide fort remarquable.

S. v. V.

DESCRIPTION

DES ESPÈCES NOUVELLES DE COLÉOPTÈRES, ORTHOPTÈRES, LÉPIDOPTÈRES
ET HÉMIPTÈRES, MENTIONÉES DANS LA LISTE PRÉCÉDENTE.

COLÉOPTÈRES.

1. DINEUTES BIDENS, Voll. (Pl. 1. fig. 1 ♂ et 2 ♀).

Din. oblongo-ovalis, antice angustior, depressiusculus, niger coerulescens, vix punctula-
tus, elytris postice in mare subemarginatis, in femina emarginatis et bidentatis,
subtus niger, pedibus margineque abdominis rufis.

Long. 14—16 mm.

Hab. Mayotte.

Espèce voisine du *Din. praemorsus* F. dont elle se distingue par la couleur des deux faces et par l'armature des élytres chez la femelle.

Ovale, assez allongé chez le mâle, plus large chez la femelle, un peu plus étroit en avant et déprimé. Dessus du corps d'un beau noir bleuâtre. Tête à reflets métalliques à l'entour des yeux et dans une tache assez large en avant d'eux. Antennes bronzées. Prothorax à peine glauque sur les côtés, à lisière bronzée sur le bord postérieur, qui est sinué deux fois, de même que le bord antérieur; angles antérieurs proéminents et faiblement recourbés en dedans; le bord latéral étroitement rebordé. Élytres ovalaires, un peu plus étroites en avant, faiblement marquées par des lignes de petits points enfoncés; les bords latéraux sont comprimés et tranchants, ayant chez le mâle une incision fort légère à quelque distance de l'apex, offrant chez la femelle une sinuosité assez profonde à la même place et deux petites dents à l'apex.

En dessous la portion réfléchie du prothorax et des élytres est d'un noir bronzé, le corps lui-même est d'un noir de poix assez luisant, les pattes et les marges des anneaux abdominaux sont rouges, excepté les cuisses des pattes antérieures dont la couleur est brune. La barbe et les poils de l'abdomen sont roux.

Les voyageurs trouvèrent cette espèce à Nossi-Bé et à Mayotte en Juin, et en ont rapporté plusieurs exemplaires des deux sexes.

2. Pleophylla unicolor, Voll. (Pl. 1, fig. 3).

Pl. rufotestacea, capite ac thorace obscurioribus, punctatissima, elytrorum quatuor lineis sub-elevatis.

Long. 8 mm.

Hab. Nossi-Bé.

Cette espèce se distingue aisément de la seule espèce connue du genre, la *Pleophylla fasciatipennis*, décrite par Blanchard dans le catalogue du Muséum d'Histoire naturelle de Paris (I. p. 83).

Ovale oblong, un peu plus large en arrière. Tête et corselet ponctués, d'un rouge brunâtre luisant; antennes de couleur beaucoup plus claire. Chaperon faiblement rebordé. Yeux noirâtres. En avant de chaque oeil, un peu de côté, sur le front se voit un enfoncement triangulaire. Corselet finement rebordé le long des bords latéraux et postérieur, bordé tout à l'entour d'une rangée de soies roussâtres. Écusson à ponctuation plus fine que le prothorax. Élytres d'un brun rouge jaunâtre, grossièrement ponctuées, rebordées finement le long de la côte et du bord postérieur, à rebord assez large le long de la suture; ou remarque sur chaque élytre quatre stries faiblement relevées, n'atteignant point le bord postérieur, et entre celles-ci la faible indication de trois autres stries. Les élytres portent quelques poils roux, principalement vers le bord. Corps en dessous de la même couleur brun-rouge que le corselet. Prothorax et mésothorax vaguement et faiblement ponctués, métathorax à ponctuation rude et grossière. Pattes d'un brun rouge luisant, à cuisses postérieures élargies, fortes, et à tarses postérieurs bruns.

Décrit d'après un individu unique.

3. Anomala (Rhinoplia) bivittata, Voll. (Pl. 1. fig. 4).

Testacea, capite obscuriore rude punctato vertice laevi, thorace laevissimo nitido nigro bivittato, tibiis anticis tridentatis.

Long. 12 mm.

Hab. Nossi-Bé.

On reconnait cette espèce entre ses congénères aux deux stries longitudinales sur le corselet.

D'un jaune testacé; à tête brune. Celle-ci rudement ponctuée, à l'exception du vertex qui est lisse; la partie antérieure assez densément couverte de petits poils roux. Bord du chaperon noirâtre; antennes et palpes testacés. Yeux d'un brun clair. Prothorax en dessus lisse, luisant et glabre à l'exception de quelques poils aux côtés, très-finement rebordé, offrant sur le disque deux lignes noires, longitudinales, divaricantes et faiblement courbées. Écusson superficiellement ponctué, un peu déprimé postérieurement.

Élytres à ponctuation grossière et à quatre lignes élevées lisses dont la troisième, commençant au tubercule huméral, irrégulière et indistincte; tous les rebords des élytres bruns. Pattes assez robustes; jambes antérieures à trois dents noirâtres; tous les tarses d'un brun rouge.

Un individu de Nossi-Bé.

4. Parachilia Pollenii, Voll. (Pl. 1. fig. 5, 5ᵃ--5ᶜ).

Par. nigra subnitida, prothorace punctatissimo, elytris supra variolosis, limbo externo subpunctato.

Long. 20 mm.

Hab. Nossi-Bé.

D'un noir mat en dessus, assez luisant sur la face inférieure et sur les pattes, n'offrant aucun reflet purpurin sur les élytres. Tête à ponctuation de points enfoncés serrés, petits et ronds sur le disque, ovales et plus distants vers les bords qui sont rélevés; une ligne lisse sur le vertex. Yeux blanchâtres, probablement bruns lorsque l'insecte est en vie. Prothorax finement rebordé, à ponctuation très inégale de points enfoncés de différente forme et grandeur, formant quelquefois des lignes ondulées. Écusson en triangle allongé, lisse, à deux rangées de points enfoncés le long des bords latéraux. Élytres planes en dessus, un peu déprimées vers le bout de l'écusson, à suture relevée postérieurement, partagées en deux faces par une côte humérale très-prononcée; l'une, celle du dessus, variolée de grosses taches mates et peu profondes, l'autre, la latérale à cinq rangées de petites taches de même nature. Poitrine aciculée; abdomen à ponctuation très-clairsemée, mais assez forte. Pattes fort allongées, ponctuées et couvertes de poils noirs; jambes antérieures faiblement tridentées.

Le Muséum reçut un exemplaire, probablement femelle, trouvé à Nossi-Bé.

5. Psiloptera Mayottensis, Voll. (Pl. 1. fig. 6 et 6ᵃ).

Psil. subfusiformis, antice obtusa, viridi-aenea, cupreo-tincta in elytris, prothoracis basi bifoveolata, elytrorum limbo fossulato, villoso in fossulis.

Long. 20—22 mm.

Hab. Mayotte.

Espèce qui doit trouver sa place systématique entre la *Psil. comorica* Mann. et la *viridicornis* Gory.

Tout le corps d'un vert métallique peu brillant, à reflets cuivreux sur la tête et le corselet, et à taches purpurines sur les élytres. Tête obtuse; front excavé, fortement pointillé et couvert d'un duvet brunâtre dans l'excavation; vertex à strie longitudinale enfoncée au milieu et quelques points éparts vers les côtés; une forte carène s'élevant entre l'insertion des antennes; labre d'un beau vert resplendissant. Yeux grands, bruns, peu protubérants; antennes vertes, leur cinquième article anguleux à son extrémité, les suivants dentés ou triangulaires. Prothorax très-irrégulièrement ponctué, à ligne médiane lisse d'un rouge cuivreux, entourée d'une ponctuation plus serrée, et s'arrêtant à la base entre deux fossettes rondes; bords latéraux du corselet comprimés et presque tranchants vers les épaules. Élytres vers leur base un peu plus larges que le corselet, conservant la même largeur jusqu'au milieu, puis atténuées et bidentées à l'apex.

Elles offrent 7 stries d'assez gros points, le commencement d'une strie à côté de l'écusson (qui est petit et en forme de coeur renversé), et vers le bord latéral cinq à six longues fossettes irrégulières, variables de forme et remplies de poils tomenteux brunâtres.

Dessous du corps à ponctuation grosse et rude; prosternum marqué au milieu de trois stries longitudinales, premier anneau de l'abdomen offrant une fossette large en forme de fer de lance. Pieds assez grêles, denséments couverts de poils blancs.

On rencontre cette espèce à Mayotte au mois de Juin.

6. Bostrichus (Xylopertha) iracundus, Voll. (Pl. 1. fig. 7, 7ᵃ et 7ᵇ).

Bostr. rufobrunneus, thoracis parte antica cristata uncis recurvis, parte postica lae-
vissima, elytris punctatostriatis, retusis, tridentatis, femoribus rufoflavis, geni-
culis brunneis.

Long. 6 s. 7 mm.

Hab. Nossi-Bé.

D'un brun rouge luisant. Tête petite, couverte d'une villosité grise. Antennes courtes d'un brun clair, à massue antennaire lache de trois gros articles dont le premier triangulaire, les suivants quadrangulaires à ängles obtus. Partie antérieure déclive du prothorax recouverte de petites cornes recourbées en arrière, dont les deux inférieures sont courbées en hameçon, tandis que les autres diminuent successivement en grandeur; partie postérieure du prothorax très-lisse et luisante, rétrécie brusquement vers la base. Élytres vaguement ponctuées à la base, à ponctuation devenant sensiblement plus forte vers la troncature; marge de la partie tronquée offrant trois dents obtuses dont la médiane est la plus forte; son disque à ponctuation assez profonde, mais clairsemée. Cuisses d'un rouge fauve avec les genoux noirs; jambes et tarses d'un brun luisant.

Deux exemplaires de Nossi-Bé.

7. Phymasterna? humeralis, Voll. (Pl. 2. fig. 1 et 1ᵃ).

Ph. brevis, nigra, griseo-tomentosa, maculis purpureo-fuscis, penicillis sex nigris in
elytris, duobus humeralibus, duobus pone basin et duobus discalibus.

Long. 16 mm.

Hab. Nossi-Bé.

Je crois que l'espèce que je vais décrire, appartient au genre *Phymasterna* Casteln., mais dans l'état actuel de la science avec la confusion de genres qui règne dans cette famille, non encore débrouillée par le génie ordinateur de M. le Professeur Lacordaire, il m'est impossible de l'affirmer.

Le Longicorne en question est noir. Le prothorax et les élytres sont densément couverts d'une pubescence d'un gris quelque peu bleuâtre et soyeux. Le premier article des antennes est cilindrique et assez gros, les suivants sont sensiblement plus minces et poilus sur la face inférieure. Le corselet offre quatre taches rondes d'un brun purpurin, dont deux sont placées à l'entour des protubérances latérales. Chaque élytre offre cinq taches de même couleur mais de forme irrégulière et en outre trois faisceaux de poils noirs, occupant le milieu de trois des cinq taches; le premier faisceau étant huméral, le second posé en peu en arrière de celui-ci, mais non loin de la suture, le troisième passé le milieu de l'élytre et discal. Le ventre et les pattes sont d'un noir grisâtre, tomenteux.

Décrit sur un individu de Nossi-Bé.

8. OEDIPODA VIRGULA, Voll. (Pl. 2. fig. 2).

Oed. flava, thorace ac elytris viridescentibus, prothoracis carinis lateralibus internum flexis angulosis, elytrorum maculis quatuor fuscis, tertia quartaque sejunctis lineola obliqua alba.

Long. 32 mm. (Mâle).

Hab. Madagascar.

Cette espèce jaunâtre qui probablement est verte durant la vie de l'insecte, appartient à la deuxième subdivision d'Audinet Serville, division qui se distingue par des carènes latérales du prothorax bien prononcées, sinueuses, formant un angle rentrant vers le milieu.

Tête obtuse à carènes frontales assez prononcées, mais cependant moins que celles du vertex. Antennes obscures au bout. Prothorax ayant son disque étroit antérieurement et son bord postérieur s'avançant en pointe triangulaire; carène médiane très-saillante, atteignant le bord postérieur, aussi bien que l'antérieur; les carènes latérales obliques se détachant en blanc sur un fond noir. Élytres plus longues que le corps, verdâtres vers la face supérieure et à la base de la partie déclive; celle-ci marquée de quatre larges taches brunes, dont les deux premières se réunissent vers le disque, entourant vers la côte une tache en triangle allongé d'un blanc légèrement jaunâtre; entre la troisième et la quatrième tache brune la côte est hyaline et d'elle part un trait oblique blanc fortement dessiné; la quatrième tache brune est petite, ronde, et moins foncée; vers le bout se montrent encore quelques petites nebulosités brunes. Les ailes, vertes à la base, offrent vers le milieu deux larges traits bruns, l'un vers la côte, l'autre sur le disque. L'abdomen et les cuisses ont une teinte roussâtre, les dernières offrent un petit trait oblique brun sur le milieu de la face supérieure.

De Madagascar. La femelle est restée inconnue.

9. PIERIS ELISA, Voll. (Pl. 2. fig. 3 ♂ et ♀).

Pieris supra alba, subtus albo et sulfureo varia, alarum anticarum triangulo apicali, posticarum limbo nigris albomaculatis.

Exp. alarum ♂ 40, ♀ 44 mm.

Hab. Mayotte.

Du groupe de *Mesentina* Cram. — Corps noir en dessus à longs poils épars blanchâtres, blanc en dessous. Yeux bruns. Antennes noires à trait blanc inférieurement et à apex jaunâtre. Pattes raiées de noir et de blanc.

Ailes blanches en dessus avec une teinte rougeâtre vers la base chez le mâle; bord antérieur des premières ailes liséré de noir jusques passé le milieu; vient ensuite une bordure noire, sinuée en dedans, très-élargie au sommet et descendant jusqu'à l'angle interne; sur cette bordure on voit une série de 5 à 6 taches ou gouttes blanches dont la seconde en partant de la côte est la plus grande. Les ailes inférieures ayant une bordure assez étroite et s'étendant seulement sur le bord postérieur, offrant chez le mâle deux et chez la femelle quatre taches triangulaires blanches. En dessous le dessin reste le même, mais la couleur noire se remplace par du brun, la plus grande moitié des ailes inférieures et les taches du sommet des supérieures sont d'un jaune de paille.

La femelle se distingue en outre du mâle par un trait oblique noir sur l'extrémité de la cellule discoïdale, s'unissant au liséré de la côte.

MM. Pollen et van Dam furent assez heureux pour capturer les deux sexes de cette Piéride à Mayotte.

10. ACRAEA DAMMII, Voll. (Pl. 2. fig. 4).

Acr. alis integerrimis subdiaphanis, anticis sola basi, posticis basi et disco sanguineo-tinctis, his maculis quatuor nigris rotundatis.

Exp. alarnm 44 mm.

Hab. Nossi-Bé.

Espèce très-voisine de l'*Igati* Boisd., mais en différant par la grandeur moindre, la couleur et la position des taches. Ses ailes supérieures sont transparentes, légèrement teintes de brun chocolat, avec les nervures roussâtres et la base faiblement couverte de squamules couleur de sang. Les ailes inférieures offrent cette dernière couleur avec une bordure hyaline; sur la marge de la couleur rouge se voient quatre taches rondes, noires, dont les deux inférieures très-rapprochées, sans se toucher néanmoins. En outre on aperçoit à la base vers l'angle anal deux ou trois petites taches brunes.

Le corps et les antennes sont noires, la poitrine offre quelques taches et l'abdomen des bandes blanches; les palpes et les pattes antérieures sont blanches.

Je dédie cette belle espèce à l'infatigable voyageur van Dam qui se trouve pour la seconde fois sur les lieux où elle fut capturée.

11. Deiopeia occultans, Voll. (Pl. 2. fig. 5).

Deiop. alis anticis dilute fuscis vage nigropunctatis, posticis rufis macula discali et margine nigris.

Exp. alarum 38 mm.

Hab. Nossi-Bé.

Cette espèce nouvelle a le port et les ailes étroites de la *Deiop. bella* F. — Tête et thorax d'un brun ochracé. Antennes brunes; yeux et poils des palpes noirs. Pattes annelées de brun foncé et de blanc sale à longs poils jaunes. Abdomen jaune à deux rangées de points noirs en dessus. Ailes supérieures d'un brun terreux, plus foncé vers les bords; chaque aile porte à sa base trois petites taches noires, vers le quart de la longueur une bande transversale, courbée en dehors, de cinq taches pareilles, une tache un peu plus grande à l'extrémité de la cellule discoïdale, enfin au milieu entre elle et le bord extérieur une série de petites taches noires, interrompue au milieu. Ailes postérieures d'un rouge vif, à petite tache discale et marge étroite noires; celle-ci un peu élargie vers le bord extérieur.

Cette belle espèce habite l'île de Nossi-Bé.

12. Podops breviscutum, Voll.

Pod. luridus, subtus obscurior, punctatissimus; thorace angulis anterioribus unispinoso, lateribus unidentato, scutello apicem abdominis non attingente.

Long. 6 mm.

Hab. Nossi-Bé.

Espèce très-voisine du *P. fibulatus* Germ. mais qui s'en distingue par la brièveté de l'écusson.

Tout le corps en dessus d'un gris brunâtre terreux couvert de petits points enfoncés, de couleur plus foncée en dessous et presque noir au milieu de l'abdomen. Tête émarginée au bout antérieur avec une courte épine en avant de chaque oeil. Antennes d'un brun jaunâtre pâle, avec le cinquième article noirâtre. Bec et pattes de la même couleur brune pâle. Prothorax de même forme que celui du *Fibulatus*, seulement la dent latérale est un peu moins prononcée. Écusson un peu rétréci vers le milieu, arrondi au bout, beaucoup plus court que l'abdomen.

Je ne me rappelle pas avoir vu jamais chez d'autres Scutellérides, comme un défaut individuel, un arrêt de croissance empêchant l'écusson d'atteindre toute sa longueur; c'est pourquoi je crois n'avoir point décrit ici un individu monstre, ni même une variété locale, mais bien une espèce distincte et nouvelle.

Elle se trouve dans l'île de Nossi-Bé.

13. CHOEROMMATUS NIGER, Voll.

Choer. niger, antennarum apice, tarsis et disco ventrali rufescentibus, prothorace lineola impressa notato, sine rugis elevatis.

Long. 12 mm.

Hab. Mayotte.

Des trois espèces connues de *Choerommatus* celle-ci a le plus de rapports avec le *Ch. argillaceus* Stål (*Hemiptera africana* II. p. 61); cependant elle en diffère par plusieurs caractères et en premier lieu par la couleur. L'insecte est entièrement noir, à l'exception du bout des antennes, des tarses et du milieu du ventre qui offrent, l'un plus, l'autre moins, une teinte rougeâtre. On ne lui voit aucun tégument farineux, comme aux autres espèces connues.

Tête carrée, un peu plus large que longue; lobe médian s'avançant quelque peu entre les antennes. Celles-ci assez grandes et robustes, plus longues que chez le *farinosus*; le premier article gros et spinuleux, les autres un peu inégaux de contour et poilus, excepté la moitié apicale du quatrième. Prothorax à bords latéraux sinueux, rélevés en arrière, n'offrant point de carènes, mais une impression longitudinale au milieu non loin de la base. Membrane des élytres un peu moins obscure dans l'angle interne. Cinquième anneau de l'abdomen prolongé en pointe mousse de chaque côté; sixième anneau court, septième petit, divisé en trois lobes. Cuisses et jambes épineuses, particulièrement les cuisses antérieures en dessous; les jambes de cette paire comprimées verticalement.

L'individu qui a servi à la description, me semble être une femelle; il fut trouvé dans l'île de Mayotte au mois de Juin.

ODONATES

RECUEILLIS `A MADAGASCAR, AUX ILES MASCAREIGNES ET COMORES,

DÉTERMINÉS ET DÉCRITS

M. LE B^{on.} DE SÉLYS LONGCHAMPS,

MEMBRE DE L'ACADÉMIE ROYALE DE BELGIQUE.

1. PALPOPLEVRA VESTITA, Rambur (♂).
   Palp. confusa Ramb. (♀).
      Plusieurs couples à différents âges.
2. PALPOPLEVRA MARGINATA, Fab., Beauvois (♂)
   Lib. Lucia Drury
   Lib. variegata Beauvois   } (♀).

Un mâle de grande taille, semblable à ceux de Damara, du vieux Calabar et du Niger. Cette capture me paraît prouver que la petite espèce *vestita* de Madagascar n'est pas une simple race locale.

La *denticulata* (Beauvois) de Benin et la *Portia* (Ramb. nec Drury) de Natal, du Cap et du Sénégal me semblent au contraire des variétés de *marginata*.

Mais la vraie *Portia* de Drury (*semivitrea* Beauvois, *sinuata* Fab.) paraît distincte, à moins qu'elle ne soit une race de *vestita* dont elle a la petite taille et qu'elle représenterait à Sierra-Leone.

D'après ces considérations je n'admets que trois espèces africaines de Palpoplevra 1. *marginata*, 2. *vestita*, 3. *Portia*.

M. Rambur décrit, il est vrai, sous le nom de *jucunda* une espèce du Cap, mais je crois que la patrie est erronnée, car je ne puis la bien distinguer de la *P. sexmaculata* de Chine qui est d'une section différente et les deux individus types proviennent de la collection Serville où des erreurs de localité étaient fréquents et je ne l'ai vue nullepart ailleurs indiquée d'Afrique.

Quant aux deux Palpoplevra de l'Amérique méridionale à peine distinctes l'une de l'autre: *P. americana* L. et *fasciata* F (*violacea* De Geer) elles ont un facies tout différent, leur abdomen est grêle et selon M. Bates elles portent comme les Agrion les ailes rélevées dans le repos. Il convient d'adopter pour elles le genre *Zenithoptera*, proposé pour elles par le célèbre voyageur dans les notes manuscrites qu'il m'a gracieusement adressées, lorsqu'il m'a cédé sa riche collection d'Odonates de l'Amazone.

La *dimidiata* Fab. (*marginata* De Geer) de l'Amérique méridionale placée par le Docteur Rambur dans le genre *Palpoplevra*, appartient par ses yeux non contigus à son genre *Diastatops*, composé d'espèces des mêmes contrées.

3. LIBELLULA SELIKA, De Selys n. sp.

Le Dr. Rambur a réuni sous le nom de *Lib. haematina* Ramb. deux espèces distinctes. L'une de Sicile, d'Algérie et du Sénégal, qui doit conserver le nom de *Lib. rubrinervis* sous lequel je l'ai décrite en 1841; l'autre qui habite les îles Mascareignes et dont j'ai signalé les caractères (*Revue des Odonates* p. 27) peut être nommé *Lib. haematina* Ramb. (Pars). J'ai omis (loco citato) de mentionner que sa lèvre supérieure est noire.

M. Pollen a rapporté de son voyage une troisième race ou espèce qui a la coloration de l'*haematina* des mêmes contrées, mais elle est plus petite, le ptérostigma est plus court, noirâtre, enfin l'écaille vulvaire de la femelle est plus prolongée, plus saillante un peu dans le genre de celle de la *Lib. striolata*. Les plus grands exemplaires mâles n'ont que 34 millimètres de longueur. Je propose de la nommer *Lib. selika*.

La vraie *haematina* se trouve aussi à Madagascar où elle offre plusieurs variétés dans la coloration de la base des ailes. Un mâle n'a à cette place aucune tache colorée. Chez deux femelles (types de la *Libellula obsoleta* Rambur) la tache basale safrannée de la base des ailes inférieures est un peu plus étendue que de coutume. Chez une autre variété femelle (*Lib. flavipennis* De Selys, collection) le safranné basal atteint même le nodus aux quatre ailes.

4. LIBELLULA AFFINIS, Rambur.

Très voisine de l'*albipuncta* Ramb. du Sénégal. Ayant sous les yeux les types et plusieurs autres exemplaires, je crois utile de rectifier les diagnoses du Dr. Rambur ainsi qu'il suit:

Lib. albipuncta Ramb.	*Lib. affinis* Ramb.
♂ La côte des ailes *légèrement* jaunâtre; l'espace entre les nervures sous-costale et médiane noirâtre *aux supérieures* mais *sans toucher la base, ni le nodus.* Le bout des ailes *hyalin.*	♂ Côte des ailes *largement* brunâtre, l'espace entre les nervures sous-costale et médiane noirâtre *aux quatre ailes* depuis la base, mais plus court aux inférieures est ne touchant pas le nodus. Le bout des ailes *limbé de brun.*
Rhinarium et nasus *blancs;* front noir acier, avec un point latéral blanc.	Rhinarium *brun*, nasus blanc. Front noir acier, avec vestige de point latéral clair.

Le bout des quatre ailes noirâtre après le ptérostigma. Pas d'espace brun entre les nervures sous-costale et médiane. Rhinarium *blanc;* front noirâtre avec une bande transverse blanchâtre.

Taille plus petite.

Patrie: Madagascar.

♀ Les ailes comme chez le mâle, mais plus lavées de jaunâtre et l'espace entre les nervures sous-costale et médiane *brun.* Rhinarium *brun noirâtre,* front brun noirâtre avec une bande transverse jaunâtre.

Taille plus grande.

Patrie: Sénégal.

.Chez une variété femelle de l'*albipuncta* il y a aux ailes supérieures un espace noirâtre comme chez le mâle entre les nervures sous-costale et médiane et un second espace analogue au dessus du triangle entre les secteurs bref et médian.

Une espèce très-voisine, peut être une variété de l'*albipuncta* est la *Libellula diffinis* De Selys, connue par un mâle du Sénégal, qui diffère des deux précédentes par l'absence d'espace colorié entre les nervures sous-costale et médiane et se separe en outre de l'*albipuncta* par sa taille qui égale celle de l'*affinis.*

5. Libellula coronata De Selys n. sp.

♂. Lèvres et face jaunes. Dessus du front et vertex vert métallique. Derrière des yeux jaunâtre marqué de noir. Prothorax olivâtre, son lobe postérieur saillant, assez étroit, légèrement sinué au milieu, arrondi de côté. Devant du thorax olivâtre, les côtés jaunes avec des traits noir acier aux sutures et au bord postérieur, 1er et 2e segment de l'abdomen olivâtres; 3e et 4e noirâtres en dessus avec une bande latérale jaunâtre. Le 5e presque noirâtre (l'extrémité manque). Pieds noirs, l'intérieur des quatre fémurs antérieurs et la base des postérieurs jaunâtres.

Ailes hyalines, étroites, arrondies au bout. Ptérostigma long, jaune, entre des nervures noires épaisses surmontant une grande cellule et la dépassant, 10 nervules antécubitales aux supérieures, 8 aux inférieures, 8 postcubitales. Triangle assez large, traversé ou non traversé par une nervule, suivi de 2 rangs de cellules, puis de trois rangs après la quatrième cellule. Les ailes inférieures étroites au bord anal, membranule courte, rudimentaire, salie. Le triangle interne des ailes supérieures de 3 cellules.

La femelle est inconnue.

Quoique l'exemplaire soit incomplet, on peut considérer cette espèce comme nouvelle et comme se rapprochant des groupes de la *Lib. insignis* Ramb. dont je possède une douzaine d'espèces de la Malaisie.

La longueur *totale* approximative est de 35 à 37 mm. — les ailes ont 30 mm. La largeur des supérieures 7 mm. Celle des inférieures 9 mm. — Le ptérostigma est long de $3^{1}/_{2}$ mm. La tête large de 5 mm.

Cette espèce pour la stature et la coloration imite tellement la *Lib. Hova* Ramb. de Madagascar qu'on serait tenté de l'y rapporter en lisant la description de Rambur et cependant la *L. Hova* appartient à un groupe très-différent par le prothorax trilobé, par trois rangs de cellules posttrigonales, par les ailes inférieures très-larges à la base (où l'on voit un petit espace safranné). La membranule noirâtre est longue et le ptérostigma plus court que chez la *coronata*, sans être petit comme le dit par erreur Rambur.

NEOPHLEBIA De Selys, n. g.

Le Docteur Rambur a établi pour la plus petite espèce de *Libellulide* connue le genre *Nannophya* (*N. pygmaea* Ramb. *Ins. nevr.* p. 27. pl. 2ª). Le principal caractère sur lequel il est fondé est le triangle discoidal des ailes supérieures où le côté supérieur, au lieu de consister en une nervure droite, rameau de la sousmédiane, est formé de deux lignes brisées, la première étant le rameau susdit, et la seconde faisant partie du secteur bref de sorte que au lieu d'un triangle on voit une losange irregulière. Ce genre est notable enfin par la rangée *unique* de cellules après le triangle entre le secteur bref et le secteur supérieur du triangle.

La *N. pygmaea* dont Rambur ignorait la provenance, habite Malacca et Singapore. D'autres espèces sont de la Nouvelle Hollande, et l'on peut encore en rapprocher un petit groupe d'espèces de l'Amérique tropicale dont l'une d'elles (*N. bella* Hagen) se distingue par deux rangs de cellules posttrigonales.

Le Genre *Neophlebia* que je constitue aujourd'hui, se rapproche des *Nannophya* par la forme du triangle des ailes supérieures (en lozange) et par un seul rang de cellules posttrigonales, mais il en diffère notablement par la nervure post-costale qui se prolonge directement jusqu'à l'angle inférieur du triangle au lieu d'aboutir à son angle supérieur interne. Delà une disposition qui présente une analogie (non une véritable affinité) avec le genre fossile nommé *Heterophlebia* par Westwood.

Les deux secteurs de l'arculus (principal et bref) n'en forment qu'un à leur origine, comme chez les *Nannophya* et le bref ne s'en sépare qu'à mi-chemin de l'arculus au triangle dont il forme, comme je l'ai dit, la seconde partie du bord supérieur. La membranule est nulle. Je caractérise ainsi qu'il suit le type:

6. NEOPHLEBIA POLLENI De Selys n. sp. (Pl. II, fig. A).

♂. Corps noirâtre luisant marqué de jaune clair ainsi qu'il suit: La lèvre inférieure, deux taches à la supérieure, le nasus, les côtés du front, le milieu de l'occiput, deux taches en arrière de chaque oeil — une bande antéhumérale effacée sur le devant du thorax — une bande latérale de trois taches sous l'aile supérieure, une courbée entière sous l'aile inférieure, une tache rouge à la poitrine après les pieds, des taches latérales aux deux premiers segments de l'abdomen et un point latéral aux 7ᵉ et 8ᵉ segments.

Les yeux médiocrement contigus, l'abdomen étroit, un peu rétréci au 3ᵉ segment. Appendices anals pointus, les supérieurs moitié plus longs que le 10ᵉ segment. Bord postérieur du prothorax légèrement échancré, arrondi, un peu renflé sur les côtés.

Ailes hyalines depuis la base jusqu'un peu avant le nodus (à l'origine du secteur médian), opaques et noirâtres ensuite jusqu'au bout du ptérostigma (qui est noirâtre allongé et surmonte 3 cellules). Le bout des ailes hyalin. 10 nervules antécubitales aux supérieures, 7 aux inférieures; 8—10 postcubitales.

Chez un mâle moins adulte la partie noirâtre des ailes n'est pas entièrement opaque: le brun foncé y forme un treillis sur la réticulation, le centre des cellules restant hyalin.

La femelle est inconnue. Il est probable que ses ailes sont hyalines.

Par la stature du corps et la coloration des ailes la *N. Polleni* ressemble beaucoup aux *Uracis infumata* (Ramb.) et *tripartita* (Burm.) mâles de l'Amérique méridionale, mais la réticulation du triangle et de l'espace posttrigonal l'en sépare facilement.

Je m'empresse de dédier cette espèce remarquable au savant et zèlé voyageur M. Fran-çois Pollen à qui j'en dois la connaissance. Longueur totale: 30 mm. — abdomen 21; ailes 25; largeur de l'aile supérieure 6; de l'aile inférieure 8; longueur du ptérostigma 3.

Deux espèces prises par M. Lorquin aux îles Moluques et que ce grand voyageur a bien voulu m'envoyer, appartiennent au genre *Neophlebia*. Je profite de la circonstance pour en publier les diagnoses.

NEOPHLEBIA LEPTOPTÉRA De Selys n. sp.

♂. Inconnu.

♀. Corps noirâtre luisant, marqué de jaune foncé ainsi qu'il suit: les côtés de la lèvre inférieure; une bande transverse au nasus (le front et le vertex acier métallique); une bande courte cunéiforme antéhumérale; deux bandes latérales larges aux côtés du thorax sous les ailes; des taches latérales du 2e au 6e segment de l'abdomen; un large anneau occupant la moitié basale du 8e. Le bord postérieur du prothorax est redressé, cilié, échancré au milieu comme dans les *Libellules* du groupe de la *vulgata*.

Ailes hyalines, légèrement lavées d'ochracé jusqu'au triangle. Ptérostigma allongé, noirâtre, couvrant près de deux cellules: 8—9 nervules antécubitales; 6—7 postcubitales. La réticulation ressemble beaucoup à celle de la *N. Polleni*, mais les ailes inférieures sont très-étroites à l'angle anal.

Habite les Moluques (par M. Lorquin). Longueur totale: 26 mm; abdomen 16; ailes 23; largeur de l'aile supérieure 5¹/₂, de l'inférieure 6; ptérostigma 2¹/₂.

NEOPHLEBIA LORQUINI, De Selys n. sp.

♂. Corps noir luisant, marqué de jaune clair ainsi qu'il suit: la lèvre inférieure, les coins de la supérieure, une large bande transverse au nasus remontant sur les côtés du front (qui est noir acier) ; une bande antéhumérale ondulée complète sur le devant du thorax. Les côtés avec deux bandes sous les ailes, la postérieure ramifiée sur la poitrine. Un large anneau au 2ᵉ segment de l'abdomen ; un anneau médian étroit, interrompu du 3ᵉ au 6ᵉ segment. Appendices anals jaunes pointus, les supérieurs ayant 3 fois la longueur du 10ᵉ segment. Intérieur des femurs, extérieur des tibias jaunâtre. Les yeux plus longuement contigus que chez les deux espèces précédentes. Lobe postérieur du prothorax plus étroit, arrondi et relevé.

Ailes hyalines, un peu jaunâtres jusqu'au triangle. Ptérostigma en carré long noirâtre, couvrant 1¹/₂ cellule ; 7 nervules antécubitales aux ailes supérieures, 6 aux inférieures ; 5 à 6 postcubitales. Le triangle interne moins allongé que chez les deux espèces précédentes.

♀. Ailes un peu salies sur le réseau, abdomen plus court, un peu épaissi au bout, appendices ayant deux fois la longueur du 10ᵉ segment. Bord vulvaire légèrement saillant.

Habite les Moluques. Je me fais un plaisir de la dédier à M. Lorquin qui me l'a envoyée. Par la forme du triangle interne elle est moins éloignée des *Nannophya* que les précédentes. L'abdomen est plus long, très grêle, renflé à la base, comprimé au bout. Longueur totale : ♂ 31, ♀ 29 mm.; abdomen ♂ 22, ♀ 21 ; ailes ♂ 20, ♀ 21 ; largeur de l'aile supérieure 5, de l'aile inférieure 6¹/₂ à 7.

LEGENDE

POUR SERVIR à L'EXPLICATION DE LA FIG. A. PLANCHE II.

NEOPHLEBIA POLLENI, De Selys n. sp. (♂).

Aile supérieure (grossie 3 fois).

⊤ Nervure médiane.	*A* Triangle discoïdal.
⊤. Secteur principal.	*B* » interne.
» ultranodal.	| Nodus.
» nodal.	. Nervure costale.
» sous-nodal.	.. » sous-costale.
» médian.	... » sous-médiane.
» bref.	.... » post-costale.
» supérieur du triangle.	|| Arculus.
» inférieur du triangle.	

ÉNUMERATION

DES ODONATES DE MADAGASCAR ET DES ILES COMORES ET MASCAREIGNES,

PAR

M. LE B^{ON.} DE SÉLYS LONGCHAMPS,

MEMBRE DE L'ACADÉMIE ROYALE DES SCIENCES DE BELGIQUE.

Famille I. LIBELLULIDAE.

Sous-Famille 1. LIBELLULINAE.

Genre PALPOPLEURA, Ramb.

1. *marginata*, Beauvois, Fab. R. (♂) . . Nossi-Bé.
   lucia, Drury, Ramb. (♀).
*2. *vestita*, Ramb. (♂) . . . . Madagascar, Nossi-Bé.
   confusa, Ramb. (♀).
3. *Portia*, Drury (nec Ramb.) . . . . Santa Johanna de Comore.
   semivitrea, Burm.

Genre ZYXOMMA, Ramb.

4. *Tillarga*, Fab. . . . . Maurice, Bourbon.
   pallida, Beauvois.

Genre LIBELLULA, L.

A. Groupe flavescens.

5. *flavescens*, Fab. . . . . Maurice Bourbon.
   viridula, Beauvois.
   analis, de Haan.
   terminalis, Burm.

B. Groupe Carolina.

*6. *limbata*, Desjardins . . . . . . Madagascar, Maurice.
   Mauritiana, Ramb.
7. *basilaris*, Beauvois . . . . . . Madagascar.
   Chinensis, Burm., De Geer.

C. Groupe signata.

*8. *Lycoris*, De Selys . . . . . . Madagascar? ou Maurice.
*9. *assignata*, De Selys . . . . . . Madagascar.

D. Groupe cognata.

*10. *cognata*, Ramb. . . . . Madagascar.
11. *hemihyalina*, Desjardins . . . . . Maurice.
   disparata, Ramb.

E. Groupe basalis.

*12. *Madagascariensis*, Ramb. . . . . Madagascar.

F. Groupe coerulescens.

*13. *azurea*, Ramb. . . . . Madagascar.

G. Groupe brachialis.

*14. *contracta*, Ramb. . . . . Madagascar, Maurice, Bourbon.
*15. *Desjardinsii*, De Selys . . . . . Maurice.
*16. *Marchali*, Ramb. . . . . Maurice.
17. *Stemmalis*, Burm. . . . . Maurice.
   coarctata, Ramb.?
   Sabina, Burm (pars) . . . . . . Santa Johanna de Comore.
      (teste Hagen).

H. Groupe arteriosa.

*18. *lateralis*, Burm. . . . . Comore.
*19. *Hova*, Ramb. . . . . Madagascar.

I. Groupe erythraea.

20. *haematina*, Ramb. (pars) . . . . Madagascar, Nossi-Bé, Maurice, Bourbon.
   var.? *flavipennis*, De Selys . . . Madagascar.
*21. *obsoleta*, Beauvois, Ramb. . . . . Madagascar.
   var. de la précédente.
*22. *Selika*, De Selys . . . . Nossi-Bé.
   race de la *haematina*?
*23. *inquinata*, Ramb. . . . . Madagascar.
24. *ferruginata*, Fab. . . . . Madagascar?
   var. de *erythraea*?

J. Groupe albipuncta.

*25. *affinis*, Ramb. . . . . Madagascar, Nossi-Bé.

K. Groupe vulgata.

26. *Fonscolombii*, De Selys . . . . . Madagascar?

L. Groupe flavistyla.

*27. *tetra*, Ramb. . . . . Maurice, Bourbon.
    concinna, Ramb.

28. *flavistyla*, Ramb. . . . . Madagascar.
    parvula, Ramb.
    Lefebvrei, Rambur.
    morio, Schneider.

*29. *parvula*, Ramb. (pars) . . . . . Maurice.
    var. *préced?*

M. Groupe coronata.

*30. *coronata*, De Selys . . . . Nossi-Bé.

Genre ACISOMA, Ramb.

»31. *ascalaphoides*, Ramb. . . . . . . Madagascar.

Genre NEOPHLEBIA, De Selys.

*32. *Polleni*, de Selys . . . . Nossi-Bé.

Sous-Famille 2. CORDULINAE.

Genre CORDULIA, Leach.

*33. *similis*, Ramb. . . . . Madagascar.
*34. *virens*, Ramb. . . . . Maurice.

Genre MACROMIA.

*35. *trifasciata*, Ramb. . . . . Madagascar.

Famille II. ÆSCHNIDAE.

Sous-Famille 1. GOMPHINAE (manque).

Sous-Famille 2. ÆSCHNINAE.

Genre ANAX, Leach.

*36. *Goliath*, De Selys . . . . Madagascar.
*37. *Mauritianus*, Ramb.   Madagascar, Maurice, Bourbon.

Genre GYNACANTHA, Ramb.

*38. *bispina*, Ramb. . . . . Maurice.
*39. *Radama*, De Selys . . . . . Madagascar.

Famille III. AGRIONIDAE.

Sous-Famille 1. CALOPTERYGINAE.

Genre PHAON, De Selys.

40. *irridipennis?* Burm. . . . . . . Madagascar.

Genre LIBELLAGO, De Selys.

*41. (spec. *nova*, Hagen) . . . . . . Madagascar.
*42. (spec. *nova*, Hagen) . . . . . . Madagascar.

Sous-Famille 2. AGRIONINAE.

Genre PLATYCNEMIS, Charp.

43. *Mauritiana*, De Selys . . . . . Maurice?
    an var. *Pl. latipes*, Ramb.   de l'Europe?

Genre AGRIOCNEMIS, De Selys.

*44. *solitaria*, De Selys . . . . . . Ile Rodrigues.
*45. *rufipes*, Ramb. . . . . Maurice.
*46. *exilis*, De Selys . . . . Madagascar ou Maurice.

Genre AGRION, Fab.

47. *senegalense*, Ramb. . . . . . . Madagascar, Bourbon.
*48. *insulare*, De Selys . . . . . . Maurice, Bourbon.
49. *punctum*, Ramb. . . . . Madagascar, Bourbon.
*50. *Mauritianum*, De Selys . . , . . Maurice.

Genre TELEBASIS, De Selys.

51. *glabra*, Burm. . . , . . . , . . Madagascar, Maurice.
    ferrugineum, Ramb.
    rubens, Drègé.

REMARQUES ET RÉSUMÉ.

Nous n'avons sans doute qu'une connaissance bien imparfaite de la Faune de Madagascar et des îles voisines. Cependant en examinant les 50 espèces que je cite, on peut provisoirement faire les remarques suivantes:

1°. Toutes par leur facies appartiennent à des groupes que existent en Afrique, excepté la *Neophlebebia Polleni*, qui n'a jusqu'ici d'analogue qu'aux îles Moluques.

2°. On n'a pas encore reçu d'espèces de la sous-famille des *Gomphines*.

3°. Plus des $^3/_5$ des espèces recueillies sont propres à Madagascar ou à ses îles annexes, — le reste se compose d'espèces que l'on retrouve en Afrique, notamment à Mosambique, au Cap et en Guinée; cependant trois d'entre elles s'étendent jusqu'en Algérie et en Égypte (*Lib. flavistyla — hemihyalina — Agr. Senegalense*) — deux (*Z. Tillarga* et *Lib. basilaris*) se retrouvent en Afrique et dans l'Inde, enfin la *Lib. flavescens* fait le tour tropical du Monde.

Les chiffres que je viens de poser seront certainement modifiés en ce sens que de nouvelles recherches feront rencontrer en Afrique quelques espèces de Madagascar et vice-versa, de sorte que les différences entre les deux faunes tendront à s'effacer.

Pour arriver à établir cette Énumeration je me suis servi des sources suivantes:

Les voyages de Palisot de Beauvois;

Le catalogue de Drégé;

Le Manuel de Burmeister;

L'histoire des Neuroptères de Rambur;

Les notes de Jules Desjardins sur Maurice;

Celles que j'ai publiées sur Bourbon et Maurice; dans l'ouvrage de M. Maillard sur l'île de la Réunion.

Mais le travail est principalement bâsé sur l'examen de ma collection où se trouvent à l'exception de cinq, toutes les espèces que je cite. Dans cette collection je possède les types provenant de celles de Palisot de Beauvois, Roux, Serville, Latreille, Rambur, Guérin, Jules Desjardins, ceux de Bourbon que M. Maillard m'a communiqués, enfin ceux de Nossi-Bé donnés gracieusement par M. François Pollen et qui ont été pour moi la cause déterminante du petit travail très-provisoire que je viens de présenter.

Liège, 5 *Juin* 1867.   EDM. DE SÉLYS LONGCHAMPS.

La faune carcinologique des côtés orientales de l'Afrique a souvent fait l'object de publications plus ou moins étendues.

Rüppel et Heller pour la mer rouge, Peters pour la côté de Mosambique, Alphonse Milne Edwards pour l'île de la Réunion, Krauss pour le Natal nous ont fourni de précieux matériaux que les récentes publications de Mr Hilgendorf dans les voyages du Baron von der Decken et ceux de Milne Edwards dans sa description des Crustacés recueillis par Mr Grandidier ont completé sur plusieurs points. Aussi le conspectus des Crustacés de l'Afrique orientale que Mr von Martens a composé, compte de 300 espèces.

Venant après tous ces faucheurs on ne trouve qu'a glaner sur le champ de récolte. Et ceci est surtout le cas dans la publication des Crustacés provenant des voyages de M.M. François P. L. Pollen et D. C. van Dam à Madagascar et ses dépandences, qui en faisant une spécialité de l'étude des animaux vertébrés, n'ont pu s'occuper de collectionner des invertébrés que pour autant que leurs loisirs le leur permettaient et que l'occasion se presentait.

Cependant même après tout ce qui a été fait, leurs collections renferment des espèces intéressantes et pourront servir surtout pour étendre et fixer nos connaissances sur l'habitat de plusieurs espèces. Sous le point de vue de la distribution géographique toute collection avec indication exacte des localités a un haut intérêt et sert à remplir quelques lacunes.

C. K. H.

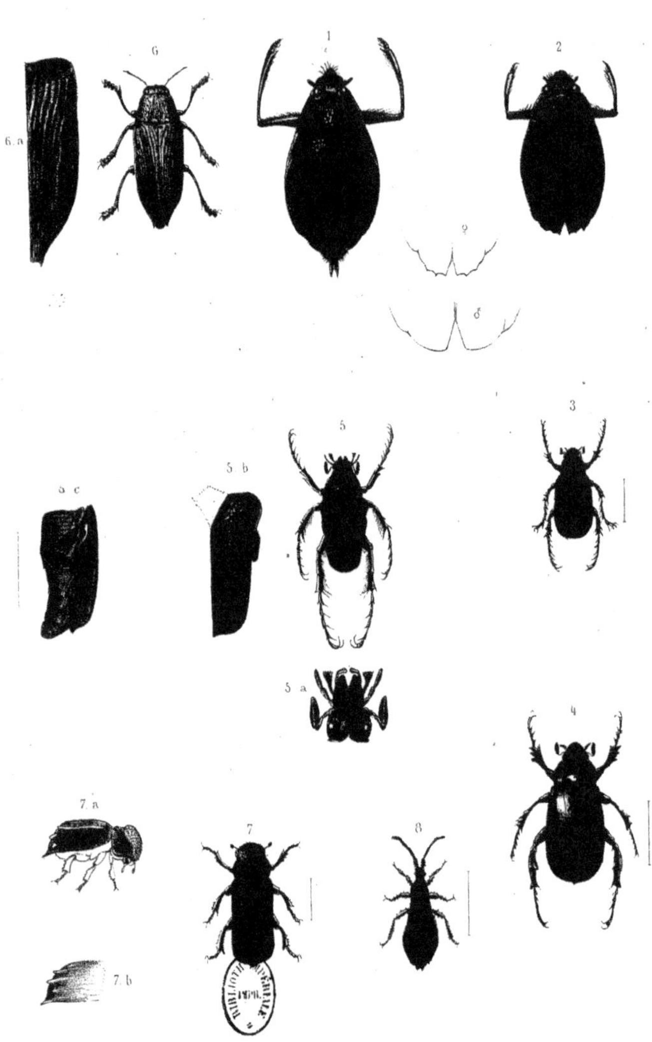

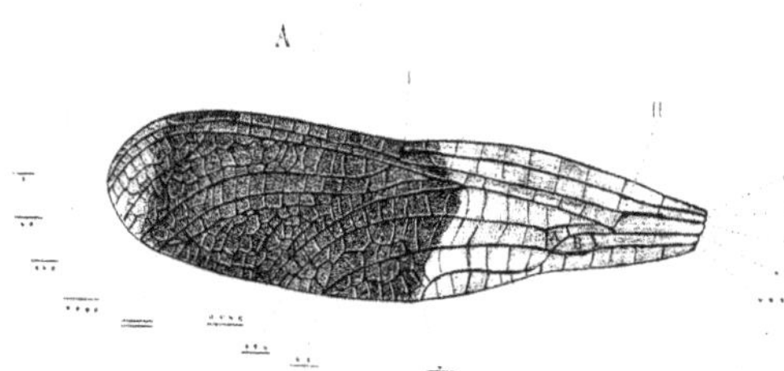

CRUSTACES

ET

ECHINODERMES

DE

MADAGASCAR ET DE L'ILE DE LA RÉUNION.

PAR

C. K. HOFFMANN.

CATALOGUE DES CRUSTACÉS

RECUEILLIS PAR

MM. **POLLEN** ET **VAN DAM**

A MADAGASCAR ET SES DÉPENDENCES.

Carpilius maculatus L.

    //   convexus Forskal.

Hypocoelus sculptus M. Edw.

Epixanthus Kotschii Heller.

Chlorodius ungulatus Milne Edw.

Galene Natalensis Krauss.

Pilumnus vespertilio Leach.

Menippe Martensii Krauss.

    //   Rumphii Fabr.

Eriphia Smithii Mackley.

Ruppellia tenax Ruppel.

    //   impressa Lamarck.

Neptunus pelagicus L.

    //   Madagascariensis n.

Scylla serrata de Haan.

Thalamita prymnoa Herbst.

    //   crenata Latreille.

    //   Helleri n.

Goniosoma natator Herbst.

    //   annulatum Milne Edwards.

    //   dubium n.

Cardisoma carnifex Herbst.

Ocypoda ceratophthalma Fabricius.

    //   Aegyptiaca Gerstaecker.

    //   cordimana? Latreille.

Gelasimus Marionis Desm.

    //   vocans Milne Edwards.

    //   tetragonon Herbst.

    //   Dussumieri Milne Edwards.

    //   chlorophthalmus Latreille.

    //   annulipes Latreille.

    //   inversus n.

Macrophthalmus Polleni n.

Grapsus strigosus Latreille.

    //   Pharaonis Milne Edwards.

    //   maculatus Milne Edwards.

    //   rubidus Stimpson.

    //   messor Milne Edwards.

Sesarma tetragona Fabr.

    //   bidens de Haan.

    //   Smithi Milne Edwards.

Acanthopus affinis Milne Edwards.

Calappa tuberculata Fabricius.

    //   Gallus Herbst.

Matuta victor Fabricius.

    „   distinguenda n.

Ranina dentata Latreille.

Coenobita violacens Heller.

    //   clypeatus Milne Edwards.

Pagurus sp.

Palinurus ornatus Fabricius.
// fasciatus Fabricius.
// Ehrenbergi Heller.
Palaemon Mayottonsis n.
// Alphonsianus n.
// Reunionnesis n.

Palaemon longimanus n.
// **Madagascariensis** n.
// parvus n.
Squilla stylifera Lamarck.
Gonodactylus chiragra Lat.

DECAPODA.

BRACHYURA.

CYCLOMETOPA.

CANCRIDAE.

Genre CARPILIUS Leach.

CARPILIUS MACULATUS Linné.

Carpilius maculatus. Milne Edwards Hist. des Crust. T. I, p. 382. Milne Edwards dans *Maillard* „Notes sur l'île de la Réunion", Annexe F p. 3, N°. 10. — von Martens Uebersicht der Ostafrikanischen Crustaceen, dans von der Decken's Reisen p. 106. — Heller Reise der Oesterreichischen Fregatte Novara. 2 Bd. 3 Abth. Crust. p. 9.

La collection de MM. Pollen et Van Dam contient un seul exemplaire mâle de cette espèce, provenant de l'île de Nossy-Faly.

Dimensions: Largeur de la carapace sur les tubercules latéraux 128 Mm.
Longueur de la carapace 94 Mm.

CARPILIUS CONVEXUS Forskal

Carpilius convexus. Rüppel Beschreibung und Abbildung von 24 Arten Kurzschwän-ziger Krabben Taf. III, Fig. 2. Milne Edwards Hist. des Crust. T. I, p. 382, pl. XVI, fig. 9 et 10. Heller Beiträge zur Crustaceen-Fauna des rothen Meeres. Sitzb. der Kais. Akad. der Wissenschaften in Wien. Bd. 43, 1863, p. 319. Milne Edwards dans *Maillard* Annex F p. 3, N°. 11. Hilgendorf Crustaceen dans von der Decken's Reisen p. 73, N°. 1. — von Martens Uebersicht p. 106.

Un seul exemplaire mâle nous est parvenu de l'île de la Réunion.

Dimensions: Largeur de la carapace = 49 Mm.
Longueur de la carapace = 40 Mm.

4

Genre **HYPOCOELUS** Heller.
HYPOCOELUS SCULPTUS Milne Edwards.

Cancer sculptus. Milne Edwards Hist. des Crust. T. I, p. 376. Heller Sitzb.
der Kais. Akad. in Wien. Bd. 43, 1861, p. 322. — von Martens Uebersicht p. 106.
La collection contient un seul exemplaire mâle de cette espèce de l'île de Nossy-Faly.
Dimensions : Largeur de la carapace = 46 Mm.
Longueur *//*   *//*   = 33 Mm.

Genre **EPIXANTHUS** Heller.
EPHIXANTHUS KOTSCHII Heller.

Ephixanthus Kotschii. Heller Beiträge zur Crustaceen-Fauna des rothen Meeres. Sitzb.
der Kais. Akademie der Wissenschaften in Wien. Bd. 43, 1861, p. 325, Taf. II, Fig. 14.
La collection de MM. Pollen et van Dam contient un nombre très grand de cette
espèce dont soixante exemplaires mâles et douze femelles de l'île de Nossy-Bé et dix
exemplaires mâles et huit femelles de l'île de Nossy-Faly.
Dimensions: Longueur de la carapace des indiv. mâles 10—25 Mm.
Largeur *//*   *//*   *//*   *//*   *//*   6—15 *//*
Longueur *//*   *//*   *//*   *//* femelles 17—19 *//*
Largeur *//*   *//*   *//*   *//*   *//* 11—13 *//*
Cette espèce décrite par Mr le Prof. Heller fut prise par Mr le docteur Kotschy à
l'île de Karak dans la golfe de Perse. Les exemplaires de la collection de MM. Pollen
et Van Dam sont les premiers qui sont trouvés aux côtés de l'Afrique orientale.

Genre **CHLORODIUS** Leach.
CHLORODIUS UNGULATUS. Milne Edwards.

Chlorodius ungulatus. Milne Edwards Hist. des Crust. I, p. 400, Pl. XVI, fig. 6—8. —
v. Martens Uebersicht p. 107.
La collection de MM. Pollen et Van Dam contient trois exemplaires de cette espèce
de l'île de Nossy-Faly.
Le nom du pays est *Gongi-dulu.*

Genre **GALENE** De Haan.
GALENE NATALENSIS Krauss.

Galene natalensis. Krauss Sudafrik. Crustaceen p. 31, pl. I, fig. 4. — von Martens
Uebersicht dans von der Decken's Reisen p. 107.

Il se trouve un seul exemplaire mâle de cette espèce dans la collection de MM. Pollen et v. Dam pris à Nossy-Faly.

Malgré la différence de taille de cet exemplaire de celle que Mr Krauss donne (large 38 Mm. sur 26 Mm. de long) il n'y a pas à hésiter dans la détermination. Tous les caractères s'accordent parfaitement, seulement les pattes sont plus velues, les cuisses portant des poils longs et épars sur leurs marges supérieures et inférieures et les tarses étant entièrement couvertes d'un duvet épais.

Dimensions: Largeur de la carapace = 25 Mm.

Longueur ⫽ ⫽ = 17 Mm.

Genre PILUMNUS Leach.

PILUMNUS VESPERTILIO Leach.

Pilumnus vespertilio. Leach Transact. Linn. Society T. XI. Milne Edwards Hist. de Crust. T. I, p. 418. Heller Sitzb. der Kais. Akad. Wien. Bd. 43, p. 343. — Von Martens Uebersicht dans von der Decken's Reisen p. 107.

La collection de MM. Pollen et Van Dam contient onze exemplaires mâles et cinq femelles de cette espèce, qui porte à Nossy-Faly, où elle a été prise le nom de *Umang Umang*.

Dimensions: Largeur de la carapace des individus mâles 22 à 29 Mm.

Longueur ⫽ ⫽ ⫽ ⫽ ⫽ 17 à 21 ⫽

Largeur ⫽ ⫽ ⫽ ⫽ femelles 22 à 31 ⫽

Longueur ⫽ ⫽ ⫽ ⫽ ⫽ 16 à 22 ⫽

Genre MENIPPE (PSEUDOCARCINUS) De Haan.

MENIPPE MARTENSII Krauss.

Menippe Martensii. Krauss Die Sudafrik. Crustaceen p. 34 Taf. II, Fig. 1. — Von Martens Uebersicht dans von der Decken's Reisen p. 107.

La collection de MM. Pollen et v. Dam contient quatre exemplaires de cette espèce, dont deux femelles de l'île de Nossy-Faly. Le nom indigène est *Gongi*.

Dimensions: Longueur de la carapace des individus mâles 34—38 Mm.

Largeur ⫽ ⫽ ⫽ ⫽ ⫽ 50—56 ⫽

Longueur ⫽ ⫽ ⫽ ⫽ femelles 28—30 ⫽

Largeur ⫽ ⫽ ⫽ ⫽ ⫽ 42—46 ⫽

Cette espèce s'accorde presque complètement avec la description que Mr Krauss a donnée. Elle diffère seulement de cette espèce par la dent en forme de crochet du dernier article des pattes, laquelle n'est pas comme chez l'espèce de Krauss, double mais seulement simple.

MENIPPE RUMPHII Fabr.

Pseudocarcinus Rumphii. Milne Edwards Hist. des Crust. T. I, p. 407. *Menippe Rumphii* v. Martens Uebersicht dans von der Decken's Reisen p. 107.

Un seul exemplaire femelle de l'île de Nossy-Faly, au nom indigène de *Gongi.*

Dimensions: Largeur de la carapace = 78 Mm.

Longueur *"* *"* = 60 *"*

Au-dessus des deux petits tubercules sur le front on trouve encore un troisième tubercule, qui s'unit avec le médian de ces deux tubercules.

Genre **RUPPELLIA.**

RUPPELLIA TENAX Rüppell.

Ruppellia tenax. Rüppell Beschreib. und Abbild. etc. — Von Martens Uebersicht dans von der Decken's Reisen p. 107.

La collection de MM. Pollen et Van Dam contient deux individus dont un mâle et une femelle de l'île de la Réunion.

Dimensions: Longueur de la carapace de l'individu mâle **38** Mm.

Largeur *"* *"* *"* *"* *"* **56** *"*

Longueur *"* *"* *"* *"* femelle **42** *"*

Largeur *"* *"* *"* *"* *"* **64** *"*

RUPPELLIA IMPRESSA Lamarck.

Ruppellia impressa. Lamarck Anim. sans vert. *Eudora impressa* De Haan, Fauna Japonica Crustacea p. 22. Milne Edwards dans Maillard. *"*Notes sur l'île de la Réunion*"*. Annex F p. 4, N°. 17. Von Martens Uebersicht p. 107.

Un seul exemplaire femelle nous est parvenu de l'île de la Réunion.

Dimensions: Longueur de la carapace = 36 Mm.

Largeur *"* *"* = **24** *"*

ERIPHIIDAE.

Genre **ERIPHIA** Latreille.

ERIPHIA SMITHII Mackley. (Voyez Pl. I, Fig. 1a, 1b et 1c).

Eriphia Smithii. Smith's illust. of the Zool. of South Africa. Annulosa p. 60. Krauss Sud afrik. Crust. p. 36, pl. II, Fig. 3. Alphonse Milne Edwards Nouv. Archives du Muséum 1869, T. IV, p. 71. Omis dans von Martens Uebersicht dans von der Decken's Reisen, cité par Hilgendorf et von Martens sous le nom d'Eriphia laevimana Latreille.

La collection de MM. Pollen et Van Dam contient quatre exemplaires de cette espèce dont trois mâles et un femelle de l'ile de Nossy Bé.

Dimensions: Largeur de la carapace des individus mâles 40, 46, 52 Mm.

$$\text{Longueur } \textit{ } \textit{ } \textit{ } \textit{ } \textit{ } 31, 36, 39 \textit{ }$$

Largeur ∥ ∥ de l'individu femelle 49 Mm.

Longueur ∥ ∥ ∥ ∥ ∥ 37 ∥

Un individu à six, les autres à cinq tubercules sur le lobe frontaire. Malgré les observations de Mr Hilgendorf qui réunit la Smithii avec la laevimana de Milne Edwards, je crois l'espèce est bien distincte.

Il n'existe pas que je sache d'autre description de l'Eriphie mains-lisses que celle de Milne Edwards, ni d'autre figure que celle de Mr Guerin dans l'iconographie du Règne animal (Crust. pl. III, fig. 1) et pour ces raisons on peut attacher un grand poids à l'opinion de Mr Alphonse Milne Edwards qui maintient les deux espèces dans son catalogue des Crustacés recueilles par Mr Grandidier. Or il y a d'autres différences que celle du développement plus ou moins grand des tubercules sur les mains et je mets en première ligne la largeur moindre de la carapace et la direction des bords latero-antérieurs qui vont presque directement en avant. Ces caractères indiqués par Milne Edwards se retrouvent sur la figure de Mr Guerin. La relation de la longueur à la largeur de la carapace est de 1: 139, chez l'Eriphie gonagra; de 1: 133, chez l'Eriphie de Smith; de 1: 125 seulement dans l'Eriphie mains-lisses; et de 1: 140 chez l'Eriphie front épineux. C'est à dire la largeur surpasse la longueur dans gonagra et spinifrons de $^2/_5$, chez Smithii de $^1/_3$ et chez laevimana $^1/_4$ de sa mesure.

PORTINUDAE.

Genre NEPTUNUS Milne Edwards.
NEPTUNUS Pelagicus L.

Cancer pelagicus. Linné Mus. Lud. Ulr. p. 434. — *Portunus pelagicus.* Fabricius Supplement p. 367. — *Lupa pelagica.* Milne Edwards Hist. des Crust. T. I, p. 450. Heller Beiträge zur Crustaceen-Fauna des rothen-Meeres Sitzb. der Kais. Acad. der Wiss. Bd. 49, 1861, p. 355. — F. Hilgendorf Crustaceen dans von der Decken's Reisen 3 Bd. 1 Abth. p. 77. — Krauss die Sud-afrik. Crustaceen p. 22. — *Neptunus pelagicus.* De Haan Fauna japonica. Crust. p. 37, Taf. IX et X. — Milne Edwards Études zoologiques sur les Crustacés récents de la famille des Portuniens. Archives du Muséum d'histoire naturelle T. X, 1858—1861, p. 329. — Milne Edwards Description de quelques Crustacés nouveaux provenant du voyage de Mr Alphred Grandidier à Zanzibar et à Madagascar. — *Lupa pelagica.* Von Martens Uebersicht der Ost-afrikanischen Crustaceen dans von der Decken's Reisen p. 108.

Un seul exemplaire féminin nous est parvenu de l'île de Nossy-Faly, où l'espèce porte le nom de *Drakak Sabua.*

Dimensions : Largeur sans les épines latérales 90 Mm.

〃　　avec　〃　　　〃　119　〃

Longueur de la carapace = 52 Mm.

NEPTUNUS MADAGASCARIENSIS. Sp. n. (Voyez Pl. I, Fig. 2, 3 en 4).

Carapace très élargie, peu bombée, finement granuleuse. Lignes épigastriques et épibranchiales bien marquées. Bords latero-antérieurs à peu près égaux aux bords latero-postérieurs. Neuvième dent longue et aigue. Les autres dents dirigées en dehors et non en avant. La première dent (l'angle orbitaire) est aigue, les cinq suivantes sont obtuses, les deux dernières terminant en pointe fortement aigue. Front découpé en six dents, les deux médianes petites, les mitoyennes plus larges et obtuses, les externes qui ne s'élèvent pas si haut que les mitoyennes sont aussi obtuses. Bord sourcilier divisé par deux scissures, dont l'interne est plus profonde que l'externe. Apophyse épistomienne très longue et dépassant le front. Troisième article des pattes mâchoires externes echancré en haut et en dedans. Bras armé sur son bord antérieur de trois épines. L'angle postero-supérieur terminant en turbercule obtus. L'avant-bras garni d'une petite épine sur la face externe. Mains fortement carenées, à carènes finement granulées, armées de deux épines, l'une au-dessus de l'articulation de l'avant-bras; l'autre sur le bord supérieur au-dessus d'articulation du pouce. Doigts longs, armés de dents tranchantes, qui s'engrènent exactement.

Le bord inférieur de l'index est droit et se termine en point, le bord supérieur du pouce est courbe, finissant en dent aigue.

Cette espèce se rapproche à Neptunus sanguinolentus Herbst et à Neptunus diacanthus Latreille.

Elle diffère de la première par l'absence des taches rouges qui ornent la carapace et de l'épine antero-intérieure de l'avant-bras.

De Neptunus diacanthus lequel habite toutes les côtés de l'Amèrique elle diffère seulement par l'absence de l'épine sur le bord postérieur du bras. Cette différence est tellement minime que cette espèce ne forme peut-être qu'une variété de Neptunus diacanthus.

La collection de MM. Pollen et Van Dam ne contient qu'un seul exemplaire femelle de cette espèce de l'île de Nossy-Faly.

Dimensions : Largeur de la carapace sans épines = 60 Mm.

〃　　〃　　〃　avec　〃　= 75　〃

Longueur de la carapace　　　　= 36　〃

Genre SCYLLA De Haan.

SCYLLA SERRATA Forskal.

Cancer serratus. Forskal Descript. anim. quae in itinere Orient. observ. 1755 p. 90. *Scylla serrata.* Milne Edwards Faune Carcinol. dans Maillard. „Notes sur l'île de la Réunion", Annex F p. 2, N°. 5. Archiv. du Muséum T. X, p. 349. — Von Martens Uebersicht dans von der Decken's Reisen p. 108. Heller Novara-Expedition p. 27.

Cinq exemplaires femelles de l'île Mayotte.

Largeur de la carapace = 64—83 Mm.

Longueur „ „ = 45—48 „

Genre THALAMITA Latreille.

THALAMITA PRYMNOA Herbst.

Cancer prymnoa. Herbst pl. 57, fig. 2. *Thalamita prymna.* Milne Edwards Hist. des Crust. T. 1, p. 461. Alph. Milne Edwards Archives du Muséum d'hist. naturelle T. X, p. 1858—1861 p. 361, N°. 6. Krauss Sud-africanische Crustaceen p. 25. — Von Martens Uebersicht p. 108.

Un exemplaire de Nossy-Bé, un autre de Nossy-Faly, tous mâles.

Dimensions: Largeur 55 Mm., 45 Mm.

Longueur 38 Mm., 31 Mm.

Un troisième exemplaire provenant de l'île Sakatia, mesurant 24 Mm. de largeur, sur 16 Mm. de longueur, mâle aussi, dont le front a subi des lésions, n'offre d'un côté que deux lobes frontaux, dont l'interne montre des traces d'une division, tandis que du côté opposé on voit le lobe orbitaire normal et trois lobes irréguliers et étroits, separés l'un de l'autre. La quatrième épine latero-antérieure quoique moins grande que les autres, est bien plus grande, que dans la Thalamita prymnoa normale. L'article basi-laire des antennes extérieures est plus fortement développé et porte quatres épines fortes et aigues dépassant le lobe supérieur de beaucoup. La granulation de la carapace et celle des bras est plus forte. Malgré ces différences je crois devoir la compter parmi l'espèce citée.

THALAMITA CRENATA Latreille.

Thalamita crenata. Milne Edwards Hist. des Crust. I, p. 461. Heller Sitzb. der Kais. Akad. der Wissenschaft. 1861, Bd. 43, p. 356. — Von Martens Ueber-sicht dans von der Decken's Reisen p. 108. Milne Edwards. Archives du Muséum d'hist. nat. T. X, 1858—1861, p. 365, N°. 11 et Nouv. Arch. du Muséum T. IV, 1869, p. 71. Krauss. Sud-afrikanische Crustaceen p. 25. Heller Novara-Expedition p. 29.

La collection de MM. Pollen et Van Dam contient treize exemplaires mâles et sept femelles de l'île de Nossy-Faly, leur nom indigène est *Gangi*.

Dimensions: Largeur des individus mâles 45 à 65 Mm.

Longueur ⫽ ⫽ ⫽ 32 à 49 ⫽

Largeur des individus femelles 30 à 58 Mm.

Longueur ⫽ ⫽ ⫽ 21 à 41 ⫽

D'ailleurs encore un individu mâle de l'île de Nossy-Bé.

Largeur 42 Mm. Longueur 33 Mm.

THALAMITA HELLERI n. (Pl. I, Fig. 5).

Thalamita à front decoupé en huit lobes, profondément separés les uns des autres, les médians étant situés sur un plan moins élevé que celui des mitoyens qui à leur tour sont inplantés plus profondément que les lobes orbitaires internes. La disposition des dents latero-antérieures est la même que chez la Thalamite Danae. La quatrième dent est un peu plus petite que les trois premières et surpasse un peu la dernière; elles sont dirigées en avant.

L'article basal des antennes extérieures porte une crête surmontée d'une rangée irrégulière de granules et en outre des granules épars sur toute sa surface aussi bien avant que derrière la dite crête.

La carapace est élargie, passablement bombée et ornée de lignes transversales granuleuses bien marquées. Elle est couverté d'un duvet grossier sur toutes les parties qui ne font pas saillir, sur les parties rehaussées les poils ont disparu par le frottement, mais il en reste des vestiges dans les points imprimés qui couvrent tout le test.

Les pattes de la première paire sont robustes. Le bras porte trois épines fortes sur le bord infero-interne et une quantité de rugosites transversales subdenticulées sur la partie supero-antérieure. L'avant bras porte outre l'épine acrée de l'angle antero-interne trois épines ou tubercules spiniformes sur la face extérieure. La main porte en dessus cinq épines alternantes et sur la face externe trois crêtes longitudinales grossièrement granuleuses. Entre la penultième et la première crête on voit quelques granules, tandis que la partie supérieure au dessus de la première crête est couverte de granules et de poils. Il se trouve aussi des poils sur l'avant-bras et la partie antero-supérieure du bras.

L'avant dernier article des pattes natatoires porte des dents sur le bord inférieur d'un côté seulement. L'abdomen a le dernier article allongé et un peu dilaté à la base, l'avant-dernier est beaucoup plus large que long s'élargissant vers l'extremité et d'une forme d'un carré transversal à angles antérieurs arrondis et à bord antérieur légèrement sinué, le cinquième article se resserre un peu au milieu.

Dimensions: Largeur = 45 Mm.

Longueur = 31 Mm. dans le fond de l'incision médiane.

Profondeur de cette incision près de 2 Mm.

Cette espèce a des rapports avec la Thalamita Stimpsoni et Danae. Elle diffère de la première par les incisions profondes qui séparent les lobes frontaux, l'irrégularité des granules sur l'article basilaire des antennes externes, la quatrième épine non rudimentaire et la forme de l'abdomen. De la Thalamita Danae on peut la distinguer par la disposition des lobes frontaux et l'absence de cannelures sur les pattes natatoires.

La collection de MM. Pollen et van Dam ne contient qu'un exemplaire mâle de l'île de Nossy-Faly. .

Genre **GONIOSOMA** Alphonse Milne Edwards.

GONIOSOMA NATATOR Herbst.

Cancer natator. Herbst pl. **40**, fig. **1**. *Thalamita natator.* Milne Edwards. Hist. des Crust. T. I, p. **468**. *Goniosoma natator.* Milne Edwards Archiv. du Muséum d'hist. naturelle T. X, 1858—1861 p. 370, N°. 2.

Un seul exemplaire féminin de l'île de Nossy-Faly.

Dimensions: Longueur de la carapace = 70 Mm.

Largeur de la carapace = 100 Mm.

GONIOSOMA ANNULATUM (Fabricius) Milne Edwards.

Portunus annulatus. Fabricius Suppl. p. **364**. *Thalamita annulata.* Milne Edwards Hist. des Crust. T. I, p. **463** *Goniosoma annulatum.* Archives du Muséum T. X, 1858—1861; p. 376, N°. 6.

Un individu femelle de l'île de Nossy-Faly.

Dimensions: Largeur de la carapace = 76 Mm.

Longueur ″ ″ = 52 ″

GONIOSOMA DUBIUM. n. (Voyez Pl. II, Fig. 6, 7, 8).

Goniosoma à bord latero-antérieur, armé de six dents, la sixième égale aux autres, la seconde dent rudimentaire, à carapace traversée par des lignes saillantes et des dents frontales bien développées. Selon ces caractères elle se rapprocherait à Goniosoma orientale de Dana, qui je ne connais que d'après la courte description de Mr. Alphonse Milne Edwards suivant laquelle notre espèce parait se distinguer par une carapace ponctuée, la première dent latero-antérieure beaucoup plus grande que la seconde et égalant la quatrième et la cinquième, tandis que la dernière dent est dirigée plus en dehors et pas plus petite que les autres. Le rapprochement qu' Alphonse Milne Edwards fait du Goniosoma anisodon semble autoriser la distinction de l'espèce que j'ai devant moi.

La carapace est couverte par une fine ponctuation sur laquelle les lignes transversales, élevées et granuleuses sont nettement dessinées. La disposition des lobes du front se rapproche de celle du Goniosoma paucidentatum, quoique les lobes mitoyens externes ne surpassent pas les autres en grandeur.

Les bras de la première paire des pattes portent sur leur bord antérieur trois épines précedées dans plusieurs exemplaires d'un nombre plus ou moins grand d'épines accessoires. L'avant-bras porte une épine extrêmement longue et acérée sur son bord supero-antérieur, sur la face extérieure deux tubercules spiniformes. La main a les cinq épines ordinaires dont celle qui se trouve sur l'articulation du pouce est peu développée. Le haut de la main est couvert transversalement de rugosités qui la rendent comme chagrinée jusque sur la crête qui part de l'épine de l'articulation de la main. Cette crête et les deux carènes qui se terminent par les épines au côté de la main sont granulées, de même la crête suivante de la main, tandis que l'inférieure qui se continue sur le doigt immobile et qui ne commence pas toujours à l'articulation de la main est entièrement lisse. Le doigt mobile est cannelé. La face interne est renflée sur son milieu, elle est lisse et porte un tubercule oblong spiniforme.

La pince droite est la plus grande des deux tandisque les doigts sont plus courts, dans la grande pince on voit de grosses dents dont celle qui est la plus proche de la base est énorme.

Les pattes sont passablement fortes, les dactylopodites portent deux rangées de poils longs sur le bord antero-supérieur et sur l'inférieur.

Les pattes natatoires sont sculptées de la manière ordinaire, leur avant-dernier article est denticulé sur son bord inférieur. L'abdomen du mâle ressemble à celui du Goniosoma quadrimaculata mais l'avant-dernier article est plus carré à angles antérieurs arrondis.

La collection de MM. Pollen et van Dam contient six exemplaires mâles et un femelle de l'île de la Réunion.

Dimensions: Largeur de la carapace des individus mâles 48 à 55 Mm.

Longueur „   „   „   „   „   30—34   „

Largeur de la carapace de l'individu femelle 38 Mm.

Longueur „   „   „   „   „   36   „

THELPHUSIDAE.

GECARANIDAE.

Genre CARDISOMA Latr.

CARDISOMA CARNIFEX Herbst.

Cardisoma carnifex. Herbst Pl. 41, Fig. 1. — Milne Edwards Hist. des Crust. II, p. 23. — Milne Edwards Nouv. Archives du Muséum, T. IV, 1869, p. 71.

La collection de MM. Pollen et van Dam contient deux exemplaires femelles et trois exemplaires mâles de l'île de Nossy-Faly. Le nom du pays est *Kukukun*.

Dimensions: Longueur de la carapace des ind. fem. 78—79 Mm.

Largeur „ „ „ „ „ 90—91 „

Longueur „ „ „ „ mâles 54—64 „

Largeur „ „ „ „ „ 65—78 „

Les bords de la carapace depassent la ligne indicative du bord lateral, laquelle est bien distincte. Les tarses portent deux rangées d'épines fortes et nombreuses sur le haut du tarse, sur le bas il ne s'en trouve que deux sur chaque bord.

OCYPODIDAE.

Genre OCYPODE Fabricius.

OCYPODE CERATOPHTHALMA Fabricius. (Voyez Pl. II, Fig. 11, 12, 13, Pl. III, Fig. 14 et 15).

Cancer ceratophthalmus. Pallas Specil. Zool. fasc. 9, p. 83, tab. 5, 17. — *Ocypoda ceratophthalma.* Fabricius Supplem. p. 347. — Milne Edwards Hist. des Crust. II, p. 48. — Krauss Sudafrik. Crustaceen p. 41. — Macley in Smith's. Illust of the Zool. of South Africa p. 64. — Hilgendorf dans von der Decken's Reisen p. 82. — Milne Edwards dans Maillard. Annex F, p. 5, N°. 23. Heller Novara Expedition p. 42.

15 Individus dont douze mâles et trois femelles de l'île de Nossy-Faly et un individu mâle de l'île de Nossy-Bé. Le nom indigène est „*Van zanzi.*"

Dimensions: Largeur du mâle 19—32^5, de la femelle 30—32^5 (Nossy-Faly).

Longueur du mâle 17—29, de la femelle 26—29^5 „ „

Largeur de l'individu mâle 39, (Nossy-Bé.)

Longueur „ „ „ 35^5, „ „

Un des individus femelles a les pinces petites et pas de trace de la crête musicale, mais bien le stylet oculaire. Dans les autres individus la crête musicale (voyez Hilgendorf) est très distincte. L'individu de l'île de Nossy-Bé a un podophthalmite long de 31 Mm. en ligne droite de la base à l'extrémité et le stylet mesure 16 Mm., tandis que de l'autre côté le podophthalmite ne mesure que 22 Mm. dont 6 Mm. dépassent la cornée sans trace de mutilation. Les appendices terminales des yeux qui manquent chez les jeunes individus, commencent à se voir quand ils sont plus âgés, et sont très longues chez les vieux.

OCYPODA CORDIMANA Latr. (Voyez Pl. II, Fig. 9 et 10).

Ocypoda cordimana. Milne Edwards Hist. des Crust. II, p. 45. — Milne

Edwards Ann. des sc. nat. 1852 p. 143, N⁰. 11. — Mackley dans Smith's Illust. of the Zool. of South-Africa Annulosa p. 64. — De Haan in Siebold's Fauna japon. Crustacea p. 57, Tab. 15, fig. 4. — Krauss Sudafrik. Crustaceen. — Heller Sitzb. der Kais. Acad. der Wiss. Wien 1861. p. 361. — Hilgendorf dans von der Decken's Reisen p. 82. — Von Martens Uebersicht p. 109. Heller Novara Expedition p. 42.

La carapace est couverte de granulations bien distinctes. L'angle orbitaire extérieur est obtus, il n'est pas si saillant que la pointe suprême au milieu de ce bord. Les podophthalmites ne sont pas prolongées. La main gauche est la plus grande. La main n'est pas comprimée. La surface interne est granuleuse. Il n'y a pas de crête musicale. Les tarses ont les impressions longitudinales s'étendant sur toute leur surface extérieure, sur la surface intérieure on les voit seulement dans la partie inférieure quoiqu'elles soient ici plus profondes qu'à la face extérieure comme Heller l'a aussi indiqué.

Les pattes de la troisième et quatrième paire ne sont pas si longues que celles de la seconde paire.

Largeur = 19 Mm.

Longueur = 21 „

Un exemplaire femelle de l'île de la Réunion.

OCYPODA AEGYPTIACA Gerstaecker.

Ocypoda aegyptiaca. Gerstaecker Carcinologische Beiträge dans Troschel's Archiv f. Naturg. T. 22, p. 134. 1856. Heller Sitzb. der Kais. Akad. der Wissenschaften T. 43, p. 364. — Von Martens Uebersicht dans von der Decken's Reisen p. 109.

La collection de MM. Pollen et Van Dam contient deux exemplaires femelles de cette espèce de l'île de Nossy-Faly.

Dimensions: Largeu de la carapace = 40 et 41 Mm.

Longueur „ „ = 33 à 37 „

Genre GELASIMUS Latreille.

Mr. Hilgendorf distinguait dans la collection de Mr. von der Decken au lieu de l'espèce uniquement connue des côtés orientales de l'Afrique cinq formes spécifiques, dont il résume comme caractères distinctifs la forme du front, la sculpture de la face interne de la main et l'armature du bras.

Dans les collections de MM. Pollen et van Dam nous croyons reconnaître encore deux autres formes dont une nouvelle.

Dans les trois divisions de la classification de Milne Edwards fondée sur la forme du front, elles se distribuent comme il suit:

a. Gelasimus à front spatulé, presque linéaire entre les yeux et dilaté en dessous: dans cette catégorie se rangent le vocans et le Marionis.

b. Gelasimus à front linéaire entre les yeux, mais non dilaté en dessous, dans cette catégorie se rangent le tetragonon et le Dussumieri.

c. Gelasimus à front assez large entre les yeux, se rétrécissant en dessous, dans cette catégorie se rangent l'annulipes, le chlorophthalmus et l'inversus.

GELASIMUS MARIONIS Desm. (Voyez Pl. III, Fig. 16, 17 et 18).

Gelasimus Marionis. Desmarest Consid. sur les Crustacés p. 124, pl. 13 fig. 1. Alphonse Milne Edwards Hist. nat. des Crust. II, p. 53. Observations sur les affinités zool. de la famille des Ocypodiens. Annales des sc. nat. zool. 3 Serie T. 18. 1852, p. 145. — Von Martens Uebersicht dans von der Decken's Reisen p. 109.

Quatre exemplaires mâles de l'île de Nossy-Faly, le nom indigène est *Cava Tangena*.

Le bord orbitaire inférieur est presque droit, crénelé à crénelures plus hautes, éloignées l'une de l'autre vers les côtés, mais plus rapprochées de nouveau sur l'angle interne, la ligne latérale inférieure est très marquée, celle qui se prolonge sur la carapace est plus distincte et consiste plutôt en une série de petits granules assez espacés.

Le chélopode est très developpé. Les bras ont le bord interno-supérieur caréné, l'interno-inférieur se termine en dent conique, longue. L'avant bras porte un tubercule granuleux sur le bord postero-intérieur. La pince a les doigts deux fois plus longs que la portion palmaire de la main. Celle-ci porte en haut une crête granuleuse et est couverte de granules plus gros sur le milieu et le bas. L'index est separé de la portion palmaire de la main par une profonde impression triangulaire ornée de points imprimés qui se continuent dans une seule rangée sur l'index. Le bord inférieur de l'index est fortement relevé vers la partie antérieure et se recourbe un peu en bas pour former l'extrêmité en forme de crochet. Le bord supérieur prend son origine par une forte dent, se courbe en bas, formant une excavation large, puis se continue en ligne presque droite et horizontale jusqu'au crochet terminal. Tout le bord est armé de forts tubercules dentiformes subégaux cependant. La surface intérieure est finément granuleuse, le bord inférieur porte une rangée de granules plus gros. La surface extérieure de l'index est aplatie.

Le pouce est excessivement comprimé et comme tranchant, droit avec une légère incision près de l'articulation. Le bord supérieur est régulièrement courbé et finit par une pointe obtuse, une impression légère sépare la partie dentifère du corps du pouce. A l'intérieur la crête denticulaire est profonde mais étroite, la crête inférieure est grosse, peu étendue et grossièrement tuberculeuse. La surface interne de l'index est arrondie. Le pouce est excave, son bord denticulaire est formé par deux rangées de denticulation laissant entre elles un sillon assez large.

Longueur = 10—18⁵ Mm.

Largeur = 15—30 „

GELASIMUS VOCANS Milne Edwards.

Cancer vocans. Rumpf. Amboinsche rariteitkamer p. 14, tab. 10, fig. 3. *Gelasimus vocans.* Milne Edwards Hist. des Crust. II, p. 54. Annales des sc. nat. Tom. XXI, Zool. 1852, p. 145: Description de quelques crustacés nouveaux provenant des voyages de Mr. A. Grandidier à Zanzibar et à Madagascar. Nouvelles Archives du Muséum T. IV, p. 70, 1869. — Heller Crustaceen der Novara-expedition p. 37. — Hilgendorf dans von der Decken's Reisen p. 83. Von Martens Uebersicht p. 109.

La collection de MM. Pollen et Van Dam contient cinq exemplaires mâles et un femelle de l'île de Nossy-Faly et deux femelles de l'île de Nossy-Bé. Le nom indigène est *Cava Tangena.*

Les orbites ont leur bord sourcilier supérieur simple, l'inférieur finement granuleux. Le bord orbitaire inférieur crénelé, courbé en haut dans sa moitié externe à rendre l'orbite très étroite. L'angle orbitaire extérieur pointu et visant en dehors. Le grand chélopode a le bras armé d'une grosse dent subterminale conique et aigue au bout de la crête interno-supérieure, la marge externo-supérieure est distinctement subcariniforme. L'avant-bras porte une petite épine sur le bord interne médian, la main est grosse et large, la portion palmaire porte en dessus une carène granuleuse et en bas une rangée de granules. Elle est granuleuse surtout en dessous, le triangle est large et se continue sur l'index, limité en bas par un sillon.

Les doigts sont comprimés et larges, l'index arrondi en dessous se termine en pointe près laquelle on voit une expansion dentiforme separée par une excision d'une seconde expansion plus large, près de l'insertion du pouce on distingue une dent. Le pouce diminue graduellement en hauteur, se termine par une pointe courbée obtuse. Le bord inférieur est simplement crénelé sans grosses dents ou avec une seule dent sur le tiers antérieur. La face interne de la main ne porte de granules qu'entre les crêtes, pour le reste elle est presque lisse ou à granulations extrêmement fines et déprimées.

Longueur = 10—13 Mm.
Largeur = 13—20 „

GELASIMUS TETRAGONON Herbst.

Gelasimus tetragonon. Rüppell Beschreibung etc. p. 25, Taf. V, Fig. 5. — Milne Edwards Hist. des Crust. II, p. 52. — *Cancer tetragonon.* Herbst Bd. I, p. 257, Taf. 20, fig. 110. — *Gelasimus tetragonon.* Milne Edwards Ann. des sciences nat. 1852, p. 147, pl. 3, fig. 9. — Heller Crustaceen der Novara-Expedition p. 37. — Hilgendorf dans von der Decken's Reisen p. 84. Von Martens Uebersicht p. 107. Milne Edwards dans Maillard. Annex F, p. 6, N°. 24.

Le bord orbitaire supérieur est lisse, la ligne sourcilière inférieure distincte après l'échancrure au dessous de l'insertion des ophthalmopodides, accompagne le bord supérieur dans toute sa longueur à petite distance; elle est un peu irrégulière. Les angles orbitaires se dirigent en avant et en dedans. Les lignes latérales sont distinctes et finement granuleuses. Le bord orbitaire inférieur est crénelé dans toute son étendue.

Le chélopode est très développé, granuleux en dehors à granules plus grands et serrés sur le bas de l'index près de l'impression triangulaire. La face intérieure porte des granules plus petits et plus espacés. La crête du bord dentaire est passablement développée, la crête inférieure ne se développe pas et est représentée par un renflement. Les doigts sont assez forts, aussi longs que la portion palmaire de la main. L'index porte généralement deux dents sur sa moitié antérieure. Le pouce s'amincit notablement en avant, il est peu courbé en avant et porte plusieurs dents, qui cependant n'affectent pas la direction de son bord dentaire.

La marge interno-supérieure du bras se termine en une forte épine conique et grosse.

Un exemplaire mâle de Nossy-Bé.

Longueur = 15—18 Mm.

Largeur = 22⁵—27 „

GELASIMUS DUSSUMIERI Milne Edwards. (Voyez Pl. III, Fig. 19, 20, 21 et 22).

Gelasimus Dussumieri. Milne Edwards. Ann. des sc. nat. 1852, p. 148, N°. 12, Pl. 4, Fig. 12. — Hilgendorf dans von der Decken's Reisen p. 84. Pl. IV, Fig. 1. Milne Edwards Nouv. Archives du Muséum p. 71. — Von Martens Uebersicht p. 109.

La collection de MM. Pollen et Van Dam contient neuf exemplaires mâles de Nossy-Bé.

Le bord orbitaire supérieur est double presque dans toute son étendue, la partie externe seulement est simple et lisse, tandis que la marge supérieure de ce bord est crénelée à crénelures très rapprochées; la marge inférieure est très finement crénelée. Le bord orbitaire inférieur est crénelé dans toute son étendue, un peu courbé en haut dans sa moitié externe. La ligne latérale inférieure est à peine visible, celle qui se prolonge sur la carapace est peu distincte et consiste en une série de très petits granules. Le chélopode est très developpé. Le plastron sternal est fortement velu. Le bras montre sur le bord interno-supérieur dans sa partie externe des crénelures assez grandes, dans sa partie interne elle est lisse. Le bord interno-inférieur est crénelé dans toute son étendue. La pince a les doigts une fois et demie plus longs que la portion palmaire de la main. Celle-ci porte en haut une crête granuleuse et est couverte de granules sur toute sa face externe. L'index arrondi en dessous se termine en pointe. Le bord supérieur porte dans son milieu une dent.

La surface interne est lisse. La surface externe montre une crête qui ne s'étend pas jusqu'au point. Le pouce a le bord supérieur régulièrement courbé et se termine par une pointe courbée obtuse.

3

La face interne de la main ne porte pas de granules. Les crêtes sont excessivement développées.

Dimensions : Largeur 20—25 Mm.

Longueur 35—42 Mm.

L'espèce est distincte de l'arcualis de de Haan par la forme de la carapace, le front non dilaté au dessous des ophthalmopodides, la confirmation du bord orbitaire supérieur et inférieur, l'armature des bras, la confirmation des pattes etc.

GELASIMUS CHLOROPHTHALMUS Latreille.

Gelasimus chlorophthalmus. Latreille Coll. du Muséum. — Milne Edwards Hist. nat. des Crust. T. II, p. 54. — Annales des sciences nat. 1852, p. 154, N°. 20, Pl. 4, fig. 19, Nouv. Archives du Muséum p. 71. — Hilgendorf dans von der Decken's Reisen p. 84. — Milne Edwards dans Maillard Annex F, p. 6, N°. 25. — Von Martens Uebersicht p. 109.

Deux exemplaires mâles de l'île de Nossy-Bé. Longueur 20 Mm., Largeur 10—11 Mm. Ces deux exemplaires sont très mutilés, cependant je crois devoir les déterminer comme j'ai fait. L'absence de la crête sur la portion palmaire intérieure de la main, la forme du front, les tubercules sur le bras sont remarquables.

GELASIMUS ANNULIPES Latreille.

Gelasimus annulipes. Latreille Coll. du Muséum. — *Gelasimus annulipes.* Milne Edwards Hist. des Crust. II, p. 55. — Annales des sc. nat. 1852, p. 149, N°. 17, Pl. 4, fig. 15. — Heller Crustaceen der Novara-Expedition p. 38. — Hilgendorf dans von der Decken's Reisen p. 85. — Von Martens Uebersicht p. 109.

12 Exemplaires mâles de l'île de Nossy-Faly et 30 exemplaires aussi mâles de l'île de Nossy-Bé.

Carapace élargie en avant, à lignes marginales très distinctes sur les lobes mésobranchiaux. Ligne sourcilière postérieure très courbée, l'antérieure petite et très rapprochée de la précédente, mais très distincte. Le bord orbitaire supérieur est toujours lisse dans toute son étendue, l'inférieur finement granuleux. Le plastron sternal est fortement velu comme chez Gelasimus Dussumieri. Le chélopode est très développé. Le bras n'est pas armé. La pince a les doigts deux fois plus longs que la portion palmaire de la main. Celle-ci porte en haut à sa surface interne une crête granuleuse très peu et en bas une crête fortement développée. La surface externe de la main est excessivement fine granuleuse. Le bord inférieur de l'index est presque droit et se termine en pointe devant laquelle on voit une petite excavation. Le bord supérieur est armé de petits tubercules dentiformes, subégaux cependant. Dans le milieu du bord se trouve souvent une dent fortement développée. Vers la portion palmaire de la main la surface externe de l'index montre une petite crête granuleuse parallèlement au bord supérieur.

Le pouce s'amincit notablement en avant, il est fortement courbé en avant et se termine par une pointe courbée et aigue. Le bord supérieur du pouce est granuleux vers la portion palmaire, le bord inférieur est simplement crénelé sans grosses dents.

Largeur 6—10 Mm.   Longueur 11—20 Mm.

GELASIMUS INVERSUS. n. (Voyez Pl. IV, fig. 23, 24, 25, 26).

Gelasimus à front large entre les podophthalmites, peu rétréci en bas. Ligne sourcilière inférieure non distincte. Orbites larges, bord supérieur peu recourbé sur les côtés, angle orbitaire latéral petit, à bord latéral se dirigeant en avant et peu en dehors. Bord orbital inférieur presque parallèle, lisse, si ce n'est sur le bord extérieur où l'on voit dans quelques individus des traces d'une crénelure grossière. Les impressions séparant les régions cardiales des branchiales sont très larges et profondes, ainsi que les transversales postérieures.

Le grand chélopode a sur le bras une forte crête lisse sur le bord supero-intérieur, quelques rangées de granules éparses sur le bord extérieur qui ne se joignent pas à la crête mentionnée. L'avant-bras a la pince ordinaire, il est assez allongé et porte une petite crête granuleuse sur le bord qui s'applique contre le bras. La pince est plate mais avec un bord supérieur large terminant par une double série de granules et une série de granules sur le bord inférieur. Toute la main y compris les doigts est finement granulée, les granules se développent vers le haut. A l'intérieur on voit la crête supérieure s'unissant et confluant avec les granules dentiformes. La crête inférieure n'existe pas, seulement la main est plus renflée sur cette partie. Le triangle n'est que légèrement imprimé. Les doigts sont plus larges, l'inférieur régulièrement arrondi, au bord supérieur faisant saillir une dent avant la moitié, l'extrémité antérieure pas recourbée et finissant en pointe. Le pouce est fortement courbé sur sa partie antérieure, terminant en pointe et tout près au bout avec une expansion dentaire qui le rend comme tronqué. Le bord inférieur montre une dent épaisse dans le tiers antérieur.

Quatre exemplaires mâles de l'île de Nossy-Faly, au nom indigène de *Cava tangena*.

Dimensions: Longueur de la carapace = 6 Mm.
Largeur   „   „   = 18ˢ „

Genre MACROPHTHALMUS Latreille.

MACROPHTHALMUS POLLENI. n. (Voyez Planche IV, Fig. 27, 28, 29, 30).

Un individu mâle de l'île de Sakatia. Dimensions: longueur de la carapace = 32 Mm. largeur = 26 Mm.

Front étroit, large de la moitié des podophthalmites, prolongement s'élargissant un peu vers l'extrémité, portant un sillon au milieu. Bord latéral supérieur granulé. Le bord inférieur porte aussi quelques granules, entre lesquels on trouve de fins poils. La carapace est grossièrement granuleuse, trois dents y compris l'angle orbitaire sur le bord latéral. Le bras est triangulaire. Main allongée presque droite, doigts courts, l'index finement denticulé, le pouce, portant une dent tronquée, antérieurement granuleuse sur la portion ascendente assez près de l'articulation. Pattes avec une dent sur le fémur près de l'extrémité. Les bords latéraux de la carapace, ainsi que toutes les pattes portent de fins poils.

Genre **GRAPSUS**. LAMARCK.

GRAPSUS STRIGOSUS (HERBST) LATREILLE. (Voyez Pl. V, Fig. 31.)

Cancer strigosus. H e r b s t pl. 47, fig. 7. — *Grapsus strigosus.* L a t r e i l l e Hist. Crust. et Ins. Vol. **VI**, p. 70. — *Grapsus albolineatus.* L a m a r c k Hist. des animaux sans vertèbres T. **V**, p. 249. — *Grapsus strigosus.* M i l n e E d w a r d s Hist. des Crust. II, 87. Annals des Sc. nat. T. 20, 1853, p. 1C9. H i l g e n d o r f dans von der Decken's Reisen p. 87. Von M a r t e n s Uebersicht p. 109. H e l l e r Novara-Expedition p. 47.

La collection de MM. Pollen et Van Dam contient trois exemplaires dont deux mâles et un femelle de l'île de Nossy-Faly.

    Longueur de l'individu mâle 25—30 Mm.
    Largeur   „   „   „   30—34 „
    Longueur „   „   femelle 32 Mm.
    Largeur   „   „   „   38 „

GRAPSUS PHARAONIS MILNE EDWARDS (Voyez Pl. V, Fig. 32, 33, 34, 35).

Grapsus Pharaonis. M i l n e E d w a r d s Ann. des sc. nat. Tom. 23, 1853, p. 168. H e l l e r. Sitzb. der Kais. Akademie der Wiss. in Wien 1861, p. 362. M i l n e E d w a r d s dans Maillard. Annex F, p. 6, N°. 28.

Bord orbital supérieur fortement échancré, terminant en dent aigue, la partie médiale de ce bord montre une marge double. Bord orbital inférieur courbé. La partie externe montre une excavation sur laquelle suit une dent, qui n'est pas si fortement développée et qui ne s'élève pas si haute, que la dent latérale du bord supérieur. Le bord du front peu courbé et grossièrement granulé. La carapace montre des séries transversales dans les régions branchiales. La région stomacale est pourvue de deux tubercules granuleux. Le bord latéral antérieur est aplati, comme tranchant, se terminant en deux dents, dont la supérieure représente la dent du bord orbital supérieur et l'intérieur la dent épibranchiale, laquelle se prolonge dans un sillon qui sépare la région stomacale de la région branchiale.

Le bord médian du bras est armé de cinq ou six dents fortement développées et aigues. Le bord latéral montre des dents obtuses, seulement l'angle antérieur extérieur se terminant en pointe aigue. L'avant-bras montre à sa surface interne une dent fortement développée terminant en pointe aigue et comprimée à la base. La surface supérieure montre quelques tubercules plus petits et quelques stries transversales. La portion palmaire de la main n'est pas si grande que les doigts. Le bord supérieur est pourvu d'une dent aigue et de quelques tubercules petits obtus. La surface externe montre aussi des tubercules, lesquels forment sur la partie inférieure deux lignes transversales, dont l'inférieure se prolonge jusqu'a l'extrémité de l'index et l'autre conflue avec le bord supérieur de l'index. Les bords des doigts sont pourvus de quelques tubercules gros, mêlés avec des épines fines. L'extrémité de l'index ainsi que celle du pouce montrent des excavations en forme de cuiller. Le fémur de la seconde, troisième et quatrième paire ont le bord inférieur vers l'extrémité denticulée, celui de la cinqième paire est courbé. Le tarse a le bord inférieur et partiellement aussi le bord supérieur armé d'épines aigues. C'est le même chez les doigts, mais ici l'armature est plus fortement développée.

Un individu mâle de l'île de Nossy-Faly.

Longueur de la carapace = 40 Mm.

Largeur   „   „   = 45 Mm.

Longueur: de la cuisse, de la jambe, du tarse et du doigt de la 1 pàire de pattes.

16 Mm.	11 Mm.	15 Mm.	13 Mm.			
22 „	15 „	16 „	13 „	„	2 paire	„
30 „	17 „	24 „	14 „	„	3 „	„
35 „	18 „	28 „	14 „	„	4 „	„
26 „	16 „	24 „	12 „	„	5 „	„

GRAPSUS MACULATUS Milne Edwards. (Voyez Pl. VI, Fig. 36, 37, 38).

Grapsus maculatus. Milne Edwards Ann. des sc. nat. 1853, Tom. 20, p. 167, No. 1, Pl. 6, fig. 1. — *Grapsus pictus*. Milne Edwards Hist. des Crust. T. II, p. 86.

Front presque vertical et terminé par un bord très faiblement courbé et finement granulé. Bord orbital antérieur fortement vouté, se terminant en dent aigue. La partie médiane de ce bord a une double marge. Bord orbital inférieur peu courbé, crénelé dans son milieu. A l'extrémité se trouve une excavation suivie d'une dent obtuse, qui n'est pas si fortement développée et ne s'élève pas si haut que la dent du bord orbital supérieur.

La carapace est dans les régions branchiales fortement striée, la région cardiale postérieure bombée et presque lisse, le bord latéral antérieur aplati, armé de deux dents, dont la supérieure est l'orbitaire externe et l'inférieure l'épibranchiale antérieure. Le bras a le bord médian armé de petites dents dans sa partie inférieure, dans sa partie supérieure de fortes dents, terminant en pointe aigue, le bord latéral montre de gros tubercules. Le bord médian de l'avant-bras montre un prolongement lequel finit en deux ou trois dents obtuses, ou en une dent fortement aplatie et terminant en point très aigue. La surface externe de l'avant-bras est pourvue de tubercules coniques obtus. La portion palmaire de la main a sur son bord supérieur un tubercule obtus. La face externe montre de petits granules, lesquels comme chez l'espèce précédente, sont rangés dans la partie inférieure en stries transversales. Le bord supérieur de l'index droit est lisse, celui de l'index gauche montre quelques tubercules gros; c'est le même avec le bord inférieur du pouce. L'extrémité de l'index et du pouce est excavée comme dans l'espèce précédente. Le bord supérieur et inférieur ainsi que la surface externe du tarse sont armés de quelques épines fines, c'est le même avec les doigts, mais ici l'armature est plus fortement développée.

La cuisse de la seconde, troisième et quatrième paire ont le bord inférieur vers l'extrémité armé de petites dents, celui de la cinqième paire est lisse.

Longueur de la carapace = 47 Mm.

Largeur   „   „ = 50 „

La longueur: de la cuisse, de la jambe, du tarse et du doigt est en Mm.

26	28	23	12	de la 1 paire.
35	24	28	13	„ 2 „
30	18	24	12	„ 3 „
20	14	18	12	„ 4 „
16	11	14	8	„ 5 „

La collection de MM. Pollen et van Dam contient un exemplaire mâle de l'île de Nossy-Faly. La couleur de la carapace et de la face extérieure des pattes est tachetée. L'espèce décrite par Milne Edwards etait trouvée dans les Antilles. Excepté la couleur le grapsus maculatus est tellement allié à Grapsus Pharaonis que je crois ces deux espèces synonimes.

GRAPSUS RUBIDUS Stimpson.

Grapsus rubidus. Stimpson Proc. Acad. nat. sc. Philadelphia 1858, p. 47 et 49. Hilgendorf dans von der Decken's Reisen p. 87, Taf. 5. Von Martens Uebersicht p. 49.

Deux exemplaires mâles de l'île de la Réunion.

Longueur de la carapace = 86—40.

Largeur   „   „ = 42—45.

Front assez large, occupant la moitié de la carapace et presque horizontal. Bord du [front grossièrement granulé. Le bord latéral inférieur est double, crénelé dans sa partie externe, lisse dans sa partie interne. La carapace presque lisse, les stries des régions branchiales sont transversales et pas obliques comme d'ordinaire. Elles ne sont pas fortement développées. Bord latéral de la carapace armé de deux dents dont la supérieure est l'orbitaire externe, l'inférieure l'épibranchiale antérieure. Les cuisses ont le bord inférieur vers l'extrémité arrondi, la jambe, le tarse et le doigt de toutes les pattes sont armés d'épines fines et de quelques chevelures plus longues. Le bras a le bord supero-intérieur armé de six à huit dents obtuses. Le bord médian de l'avant-bras terminant en dent aigue. La portion palmaire de la main est deux fois plus longue que les doigts. La surface externe de la portion palmaire de la main, ainsi que de l'index et du pouce est lisse, la surface interne montre une crête rudimentaire.

Longueur: de la cuisse, de la jambe, du tarse, du doigt est en Mm.

20	14	25	14	de la 1 paire
20	10	12	14	2 „
25	10	14	15	3 „
25	12	16	16	4 „
20	11	13	15	5 „

GRAPSUS MESSOR (FORSKAL). MILNE EDWARDS.

Grapsus messor. Milne Edwards Hist. nat. des Crust. II, p. 88. Krauss Die Sud-africanischen Crustaceen p. 43. — *Metapograpsus messor.* Milne Edwards Annales des sc. nat. Bd. 20, 1853, p. 165, N°. 1. — Nouvelles Archives du Muséum T. IV, p. 71. Heller Beiträge Sitzb. der Kais. Acad. der Wissenschaften Wien 1861, Bd. 43, p. 362.

Cinq exemplaires mâles et cinq femelles de l'île de Nossy-Faly, au nom indigène de *Kyraka raka.*

Largeur des individus mâles 26—32 Mm., des individus femelles 21—24 Mm.

Longueur „ „ „ 19—25 „ „ „ „ 15—18 „

Trois exemplaires mâles et cinq femelles de l'île Sakatia et deux exemplaires mâles de l'île de Nossy-Bé.

Largeur des individus mâles 18—19 Mm., des individus femelles 13⁵—22 Mm.

Longueur „ „ „ 13—14 „ „ „ „ 10—16 „

Cette espèce est très commune à Madagascar et aux Mascarènes.

Genre SESARMA SAY.

SESARMA TETRAGONA FABR.

Grapsus tetragonus. Latreille Hist. des Crust. T. VI, p. 71. — *Sesarma tetragona.* Milne Edwards Hist. des Crust. II, p. 73. — Annales des sc. nat. 1853, T. 20, p. 184. Krauss Sud-afrik. Crustaceen p. 44. — Hilgendorf dans von der Decken's

Reisen p. 90. — Milne Edwards Nouv. Archives du Muséum T. IV, p. 71, 1869. — Von Martens Uebersicht p. 109.

La collection de MM. Pollen et van Dam contient dix exemplaires femelles de l'île de Nossy-Faly, au nom indigène de *Kala-fula*, un exemplaire femelle de l'île de Nossy-Bé et trois exemplaires femelles de l'île Sakatia.

La description que Milne Edwards donne de cette espèce s'accorde complètement avec les exemplaires de MM. Pollen et van Dam, c'était le même avec les échantillons de Zanzibar, décrites par Hilgendorf dans les voyages de Mr. von der Decken. Entre les exemplaires de Nossy-Faly se trouvent quelques-uns, dont la couleur est plus foncée, et dont la carapace est plus grossièrement granulée. Dans tous les exemplaires il y a une crête sur la face interne de la main, mais cette crête n'est pas partout assez fort développée. La dent du bord latero-antérieur du bras manque souvent.

Dimensions des individus de Nossy-Faly, Nossy-Bé, Sakatia.

	Nossy-Faly	Nossy-Bé	Sakatia
Longueur	26—32 Mm.	28 Mm.	25—26 Mm.
Largeur	33—40 „	36 „	32—34 „

SESARMA BIDENS DE HAAN.

Sesarma bidens. Milne Edwards Ann. des sciences natur. 1853, T. 20, p. 185. — *Grapsus bidens.* De Haan Fauna japonica, p. 60, pl. 16, T. 4, pl. 11, fig. 4. — *Sesarma bidens.* Hilgendorf dans von der Decken's Reisen p. 91. — Von Martens Uebersicht p. 109.

Trois exemplaires mâles et sept femelles de l'île de Nossy-Faly, trois mâles et un femelle de l'île de Nossy-Bé.

Longueur des individus mâles de Nossy-Bé 16—20 Mm.

Largeur	„	„	„	„	„	18—24	„
Longueur	„	„	femelles	„	„	11 Mm.	
Largeur	„	„	„	„	„	15	„
Longueur	„	„	mâles	„	Nossy-Faly	14—22	Mn.
Largeur	„	„	„	„	„	16—26	„
Longueur	„	„	femelles	„	„	13—20	„
Largeur	„	„	„	„	„	18—26	„

La crête du pouce montrant 13 tubercules, comme Hilgendorf l'a dit dans le voyage du Baron C. von der Decken. D'ailleurs on trouve sur le bord supérieur de la main près du pouce deux crêtes aigues parallèles,

SESARMA SMITHI MILNE EDWARDS.

Sesarma Smithi. Milne Edwards Archiv. du Muséum T. VII, p. 149, pl. 9, fig. 2,

1853. Ann. des sciences natur. Tom. 20, 1853, p. 187, fig. 23. Nouv. Archiv. du Muséum T. IV, p. 71, 1869. — Von Martens Uebersicht p. 110.

Un individu mâle et un femelle de l'île de Nossy-Faly.

Front large, courbé dans son milieu. Bord orbital supérieur lisse. Bord orbital inférieur fortement velu. Carapace armée de trois dents, dont la supérieure est l'angle orbitaire externe. La partie supérieure de la carapace est peu tomenteuse. Main presque lisse en dessous, peu tuberculée en dessus, portant vers les trois quarts supérieurs de leur face externe une crête obtuse, épaisse et peu saillante. Le bord supérieur du pouce armé de deux dents aigues, fortement courbées, et se terminant en pointe. Le bord inférieur finement denticulé vers la portion palmaire de la main et vers l'extrémité avec un tubercule plus gros. Le bord inférieur de l'index aussi courbé, finissant en pointe. Le bord supérieur denticulé avec un tubercule plus gros vers la portion palmaire de la main. La face interne de l'index montre une crête tuberculeuse sur le bord supérieur.

Longueur de la carapace 30 Mm.

Largeur „ „ 32 „

Genre ACANTHOPUS de Haan.

ACANTHOPUS AFFINIS Milne Edwards.

Acanthopus affinis Milne Edwards Ann. des sciences naturelles Tom 20, 1853, p. 480. Heller Reise der Novara p. 62.

Un seul exemplaire femelle de l'île de Nossy-Faly. Le nom indigène est *Drakak-dulu*.

Longueur de la carapace = 36 Mm.

Largeur „ „ = 32^5 „

Lobes frontaux mitoyens, munis de 3 épines, dont l'antérieure porte à l'intérieur de sa base une petite dent pointue secundaire. Bord orbitaire portant sur la partie extérieure avant l'épine du côté externe 6 petites épines acérées.

Premier article des pattes portant une crête garnie d'épines. Fémur portant une rangée d'épines énormes sur la marge supérieure et au dessous de celle-ci une autre parallèle d'épines plus petites. Pinces allongées et peu renflées.

OXYSTOMES.

CALLAPIDES.

Genre CALLAPA Fabricius.

CALAPPA TUBERCULATA Fabric. (Voyez Pl. VI, Fig. 39, 40, 41, 42, 43 et 44).

Calappa tuberculata. Herbst Bd. I, 1790, p. 204, Taf. 13, Fig. 78. Milne Edwards Hist. d. Crust. II, p. 106. Hilgendorf dans von der Decken's Reisen

p. 92. Heller Beiträge zur Crust. Fauna des rothen Meeres p. 372, Wiener Sitz. Ber. 1861. Heller Novara-Expedition p. 69. Von Martens Uebersicht p. 110.

Vingt-cinq exemplaires de l'île de Nossy-Faly (18 mâles et 7 femelles).

Nom indigène dans Nossy-Faly *Lumbe-Kommon*.

Les variations que Mr. Hilgendorf a remarquées dans la grandeur des dents du bord latero-antérieur se montrent sans être constantes. Dans les plus petits individus on ne distingue bien que huit et neuf dentelures, dans les plus grands il s'en trouve dix et onze. Elles alternent parfois mais sans régularité. Le développement de ces dentelures offre des différences notables selon les individus. Véritables dentelures et parfois presque festons sont le moins développées dans les exemplaires javanais et dans ceux de la mer Adriatique, ceux de Nossy-Faly offrent déjà des denticulations nettement dessinées et ces dents sont changées en vraies épines dans quelques-uns des individus de la baie de Passandavi. Quatre de ces derniers correspondent exactement avec l'unique individu que nous possédons de la mer rouge, ils ont tout le bord latero-antérieur et les prolongements clypeiformes ornés du nombre normal d'épines aigues, longues et récourbées en avant. Sur la marge postérieure on voit une épine courbée en dehors là où le type n'offre qu'une dentelure, et sur la face extérieure de la main les grands tubercules sont changés en épines, dont deux se trouvent près de l'articulation du bras et deux autres sur le milieu de la main. En comparant les extrêmes on pourrait être tenté de les considérer comme deux espèces, mais nous avons devant nous tous les dégrés intermédiaires. Il faut noter cependant qu'en général les exemplaires de la baie de Passandavi se font remarquer sous ce rapport.

Les dimensions varient dans la même relation entre les mesures que nous donnons du plus petit et du plus grand individu.

	Baie de Passandavi.	Objet de Nossy-Faly.	Objets au plus grand développement des épines.
Largeur sur les prolongements clypeiformes du mâle.	34—55	42—75	42—44
de la femelle.	32—44	54—58	34
Longueur sur la ligne médiane du mâle.	22—33	25—45	26—27
de la femelle.	21—28	35—38	21

CALAPPA GALLUS Herbst.

Cancer gallus. Herbst T. III, p. 46, Pl. 58, fig. 1. *Calappa gallus*. Milne Edwards Hist. des Crust. T. II, p, 105. — Milne Edwards dans Maillard „Notes sur l'île de la Réunion" T., p. 10 n. 37. -- Von Martens dans von der Decken's Reisen Uebersicht p. 110.

La collection de MM. Pollen et Van Dam ne contient qu'un individu mâle de l'île de Nossy-Faly.

Genre **MATUTA** Fabricius.

MATUTA VICTOR Fabr. (Pl. VI, fig. 45, 46, 47 et 48).

Matuta victor. Milne Edwards Hist. nat. des Crust. II, p. 115, Pl. 20, fig. 3—6. — De Haan Fauna japonica p. 127. — Krauss Sudafricanische Crustaceen p. 52. — *Matuta Lessueri.* Herbst Beschreibung von 24 Kurzschwänzigen Krabben p. 3, tab. 1, fig. 3. — *Matuta victor.* Heller Sitzb. der Kais. Akad. der Wissenschaften in Wien Bd. 43, 1861, p. 372. — Hilgendorf dans von der Decken's Reisen p. 93, Taf. 3, Fig. 2. — Milne Edwards Nouv. Arch. du Muséum 1869, T. IV, p. 73. — Heller Novara-Expedition p. 69. — Von Martens Uebersicht p. 110.

La collection de MM. Pollen et Van Dam contient un nombre asses grand de cette espèce, savoir 37 exemplaires mâles et 40 femelles de la Baie de Passandavi.

Carapace des individus mâles, des individus femelles.

Largeur	36—45	31—37
Longueur	34—32	29—35.

En général les exemplaires mâles sont plus grands que les femelles comme Hilgendorf l'a aussi déjà décrit dans le voyage du Baron Von der Decken. Le bord externe de la main porte chez les individus mâles deux, chez les individus femelles trois épines aigues. Tous les exemplaires montrent sur la face interne de la portion palmaire de la main les deux petites plaques sillonnées, mentionnées par Hilgendorf, en faisant frotter ces deux petites plaques contre les crêtes granuleuses dans la région pterygostomiènne ces espèces peuvent faire des tons.

Chez les individus mâles qui sont bien développés, on trouve d'ailleurs sur le face externe du doigt mobile une crête sillonnée, qui servit probablement aussi pour faire des tons. Cette crête manque chez les petits individus mâles et chez les femelles.

MATUTA DISTINGUENDA. Sp. n. (Voyez Pl. VI, fig. 49, 50, 51 et 52, Pl. VII, Fig. 53. 54, 55, 56, 57).

Huit exemplaires mâles et quatorze femelle, de la Baie de Passandavi.

En général les individus mâles sont, comme dans l'espèce précédente, plus grands que les femelles.

Carapace des invidus mâles. des femelles.

Longueur	32—42 Mm.	22—28 Mm.
Largeur	35—45 „	24—29 „

Le bord latero-antérieur de la carapace montre dans sa partie antérieure de petits tubercules, dans sa partie inférieur ordinairement trois tubercules plus grands. Épines latérales en général dirigées plus ou moins obliques en avant. Le bord latero-postérieur granulé avec un tubercule plus gros. La carapace montre ordinairement six tubercules, placés en trois séries, deux dans la première, trois dans la seconde et un dans la troisième série. Ceux de la première série sont ordinairement petits, ceux des autres séries fortement développés. Le bord latero-postérieur du bras termine en dent obtuse, le bord médian de l'avant-bras terminant en dent aigue. La portion palmaire de la main porte sur la face extérieure ordinairement trois dents aigues chez les mâles et quatre chez les femelles. Sur le milieu de cette face on voit une crête aigue, qui manque chez les femelles. La face interne montre chez tous, comme dans l'espèce précédente, les deux plaques sillonnées sur le bord supérieur.

Le bord latéral de l'index est fortement courbé, finissant en pointe aigue. La face externe montre chez le mâle comme dans l'espèce précédente une crête sillonnée, mais les sillons sont ici beaucoup plus fins que chez la Matuta victor. La surface interne de l'index montre chez tous un sillon, bordé de deux crêtes, dont l'inférieure est plus développée que la supérieure. Cette espèce peut faire des tons comme la Matuta victor.

Couleur jaunâtre, avec une multitude de points rouges, formant des figures polygonales.

LEUCOSIDAE.

Genre IXA Leach.

IXA CANALICULATA Leach.

Ixa canaliculata. Leach Zool. Misc. A, III, p. 26, Pl. 129, Fig. I. Milne Edwards Hist. des Crust. II, p. 134. — Milne Edwards dans Maillard. Annexe F, p. 10, N⁰. 39. — Von Martens Uebersicht dans von der Decken's Reisen p. 110.

La collection de MM. Pollen et Van Dam ne contient qu'un exemplaire mâle de cette espèce, provenant de l'île de la Réunion.

Dimensions: Longueur de la carapace = 18 Mm.

Largeur „ „ = 32 „

ANOMURA.

RANINIDAE.

Genre RANINA.

RANINA DENTATA Latreille.

Ranina dentata. Latreille Encyclop T X, p. 268. — Alphonse Milne Edwards Hist. des Crust. T. II, p. 194, Pl. 21, Fig. 1—4. Milne Edwards dans Maillard. Notes sur l'île de la Réunion Annexe F, p. 10, N°. 42. Von Martens Uebersicht dans von der Decken's Reisen p. 111.

Deux exemplaires mâles de l'île de la Réunion.

Dimensions: Longueur de la carapace = 121 et 131 Mm.

Largeur sur „ „ = 121 et 129 „

Largeur sur le lobe antérieur = 105—106 Mm.

Le plus grand individu est extrêmement vieux et ses denticulations du bord latero-antérieur sont comme émoussées, en général toute la sculpture montre un aspect de grand-age très remarquable; les tubercules de la carapace grands et développés en écailles larges et allongées, la granulation du bord et les lignes granuleuses des pattes bien séparées etc.

PAGURIDAE.

Genre COENOBITA Latreille.

COENBITA VIOLASCENS Heller.

Coenobites violascens. Heller Novara-Expedition Crust. p. 82, Taf. 7, Fig. 1. Hilgendorf dans von der Decken's Reisen p. 99, Taf. 6, Fig. 3b. Von Martens Uebersicht p. 111.

La collection de MM. Pollen et Van Dam contient un seul exemplaire de cette espèce de l'île de Nossy-Bé. La description que Mr. Hilgendorf donne de cette espèce s'accorde complètement à l'espèce de Nossy-Bé.

Dimensions: Longueur du cephalothorax sur la ligne médiane = 40 Mm.

COENOBITA CLYPEATUS Milne Edwards.

Coenobita clypeatus. Milne Edwards Hist. des Crust. T. II, p. 239. T. Hilgendorf dans von der Decken's Reisen p. 98, Taf. 6, Fig. 3c und 4a. Von Martens Uebersicht p. 111.

Un seul exemplaire de l'île de Mayotte.

Dimensions: Longueur du cephalothorax sur la ligne médiane = 28 Mm.

Genre PAGURUS Dana.

PAGURUS Sp.

Deux exemplaires très petits de l'île de la Réunion.

PALINURIDAE.

Genre PALINURUS Fabricius.

PALINURUS ORNATUS Fabr.

Cancer homarus. Herbst Pl. 31, fig. 1. — *Palinurus ornatus.* Milne Edwards Hist. des Crust. T. II, p. 296. — Von Martens Uebersicht dans von der Decken's

Reisen p. 112. Heller Novara-Expedition p. 97. Milne Edwards dans Maillard Annexe F, p. 14, N⁰. 52. Milne Edwards Nouvelles Archives T. IV, p. 72.

La collection de **MM.** Pollen et Van Dam contient un seul exemplaire mâle de l'île de Nossy-Bé.

Dimensions: Longueur du cephalothorax = 52 Mm.

„ de l'abdomen = 34 Mm.

Largeur par derrière du cephalothorax = 42 Mm.

„ du deuxième anneau de l'abdomen = 34 Mm.

Longueur de la première patte = 70 Mm.

„ „ „ seconde „ = 89 „

„ „ „ troisième „ = 105 „

„ „ „ quatrième „ = 95 „

„ „ „ cinquième „ = 82 „

Tous les fémurs ont une dent sur le bord supérieur et une autre sur le bord infero-postérieur de l'extrémité antérieure; il n'y a pas de vestige d'épines rudimentaires sur la région nasale. Les deux épines antérieures surpassent les postérieures en grandeur presque de deux fois.

PALINURUS FASCIATUS Fabr.

Palinurus fasciatus. Milne Edwards Hist. des Crust. T. II, p. 295.

Un seul exemplaire mâle de l'île de Nossy-Bé.

Dimensions· Longueur du cephalothorax = 33 Mm.

„ de l'abdomen = 62 Mm.

Largeur du cephalothorax par derrière = 27 Mm.

„ du seconde anneau de l'abdomen = 22 Mm.

Longueur de la première patte = 48 Mm.

„ „ „ second „ = 56 „

„ „ „ troisième „ = 64 „

„ „ „ quatrième „ = 64 „

„ „ „ cinquième „ = 53 „

Armature du fémur comme dans le précédent, quatre dents sur la région nasale, les antérieures plus grosses.

PALINURUS EHRENBERGI Heller. (Voyez Pl. VIII, Fig. 60).

Palinurus Ehrenbergi. Heller Sitzb. der Kais. Akademie der Wissenschaften in Wien Bd. 44, 1862, p. 260, Taf. II, Fig. 8. Von Martens Uebersicht p. 112.

La collection de **MM.** Pollen et Van Dam contient trois exemplaires de cette espèce de l'île de la Réunion.

Sans aucun doute l'espèce de Heller, montrant cependant des différences dans l'armature des prolongements latéraux de l'abdomen et les épines qui ornent les pattes.

Les segments de l'abdomen de notre espèce portent un sillon transversal profond, continu, un peu rélevé sur la ligne médiane et garni, comme le bord postérieur des anneaux d'une rangée de poils courts, égaux et serrés les uns contre les autres, comme dans le Palinurus longipes de Milne Edwards dans sa description des Crustacés, recueillis par Mr. Grandidier à Zanzibar et à Madagascar. Les cornes latérales constituées par les angles des anneaux sont fort aigues, récourbées en arrière et surmontées sur leur bord postérieur d'une grosse dent pointue. La sixième ne porte aussi seulement qu'une dent, dans l'espèce de Mr. Heller on y trouve deux à trois plus petites. Le bord latéral de la seconde corne porte cinq, de la troisième corne trois, de la quatrième deux et de la cinquième une petite dent aigue. Celui de la première et de la sixième corne latérale est lisse. Chez l'espèce de Mr. Heller, c'est seulement le bord antérieur de la seconde et troisième corne latérale qui est armée d'une dentelure peu développée.

La figure de Palinurus longipes de Milne Edwards ne montre pas de dentelure sur le bord antérieur des cornes latérales.

La carapace a une forme oblonge, quadrangulaire, fortement bombée, un sillon cervical fort profond la sépare dans une partie antérieure et postérieure. Le bord antérieur de la carapace est armé dans son milieu de deux cornes rostrales très fortes, dépassant les yeux en avant et au dessus. Le bord antérieur de la région hépatique montre aussi deux épines quoique beaucoup plus petites que les cornes rostrales, l'une de ces épines se trouve sur l'angle orbitaire externe, l'autre au milieu de celle-ci et de la rostrale. Chez l'un des individus on trouve encore quelques dents plus petites entre ces épines de la région hépatique, chez l'autre elles manquent. Les cornes rostrales sont séparées par un sillon peu profond. La région gastrique est en avant plus large qu'en arrière et armée d'épines nombreuses.

Immédiatement derrière les cornes rostrales on remarque deux épines d'une grandeur médiocre et un nombre assez grand d'épines plus petites qui ne sont pas placées en séries régulières comme dans l'espèce de Heller. La partie postérieure du cephalothorax est armée d'épines aigues et de tubercules pourvus de poils courts et raides. Par ce dernier caractère le Palinurus longipes de Milne Edwards se distingue le plus du Palinurus Ehrenbergi de Heller.

Le segment antennaire dépasse le front de manière importante, la forme est quadrengulaire et armée de quatre piquants, dont les antérieurs sont plus grands que les postérieurs, (chez l'espèce de Heller c'est justement en sens inverse). L'article basilaire des antennes externes est armé de nombreuses épines fortes et pointues. La forme et les relations des antennes externes et internes s'accordent comme dans l'espèce de Heller, c'est la même avec les pattes mâchoires.

Le bord antérieur de l'épistome est saillant pourvu de trois dents, une au milieu et une à chaque côté. Chez un des échantillons on trouve entre les trois dents encore quelques dents plus petites, chez les autres individus elles manquent.

Le premier article de la cinquième patte a sur son bord antero-supérieur une dent aigue assez grande et sur son bord postero-supérieur une autre mais plus petite. Les cuisses de toutes les pattes ambulatoires portent à leur extrémité une petite épine en dessus et une seconde plus forte en dessous et en arrière. La jambe de la quatrième patte montre sur son bord antérieur un piquant fort aigu. Les tarses de toutes les pattes ambulatoires finissent en pointe et sont pourvus de poils fins et serrés. La couleur est comme dans l'espèce de Heller.

L'armature des pattes ambulatoires s'accorde presque complètement à Palinurus longipes de Milne Edwards.

Quoiqu'il y ait de différence entre l'espèce de Mr. Heller et celle qui est prise par MM. Pollen et Van Dam à l'île de la Réunion, je ne crois pas qu'on peut la distinguer comme une espèce propre. Probablement le Palinurus longipes de Milne Edwards est aussi une variété de Palinurus Ehrenbergi de Heller.

Dimensions: Longueur du cephalothorax = 100 Mm.

          ,,   de l'abdomen   = 144 ,,

Largeur par derrière du cephalothorax = 64 Mm.

     ,,   du deuzième anneau de l'abdomen = 50 Mm.

Longueur de la première patte = 120 Mm.

    ,,   ,, ,, seconde   ,,   = 140 ,,

    ,,   ,, ,, troisième ,,   = 156 ,,

    ,,   ,, ,, quatrième ,,   = 120 ,,

    ,,   ,, ,, cinquième ,,   = 90 ,,

PALAEMONIDAE.

Genre PALAEMON Desmarest.

PALAEMON MAYOTTENSIS n. (Voyez Pl. IX, Fig. 61, 62).

Rostre ne dépassant pas l'appendice lamelleuse des antennes externes, aussi long que le pédoncule disant interne, à huit dents supérieures et deux inférieures. Tigelle secondaire des antennes internes s'unissant sur une petite étendue à la tigelle seconde. Pattes mâchoires externes très longues dépassant de beaucoup la portion pédonculaire des antennes externes, mais n'atteignant pas au bout de l'écaille de ces organes. Première paire des pattes dépassant l'extrémité du rostre. La deuxième paire des pattes droites longues 15, 25, 23 Mm., mains 30 Mm., doigts 22 Mm., des pattes gauches 14, 23, 20 Mm., mains 29 Mm., doigts 21^5.

Une dent sur chaque doigt, apex finissant en crochet. Tous les articles de la deuxième paire des pattes sont chagrinés par des tuberosités spiniformes, laissant un sillon sur le haut du bord.

Longueur du cephalothorax y compris le rostre = 56 Mm.

Longueur du rostre = 33 Mm., s'avançant au dessus devant de l'orbité 20 Mm. La deuxième dent du rostre atteint le bord oculaire.

La collection de MM. Pollen et Van Dam contient 9 exemplaires de cette espèce de l'île de Mayotte et deux exemplaires de l'île de Nossy-Faly.

PALAEMON ALPHONSIANUS n. (Voyez Pl. IX, Fig. 63, 64 et 65).

La collection de MM. Pollen et Van Dam contient deux exemplaires de cette espèce de l'île de la Réunion.

Longueur depuis le front du rostre au bout = 110 Mm.

Longueur du rostre = 37 Mm.

Longueur du cephalothorax avec rostre = 53 Mm.

Rostre médiocrement court dépassant ou tout ou moins égalant la lamelle des antennes extérieures. Au dessus 10 dents, non compris l'apex, dont la troisième est au niveau du bord oculaire; en dessus quatre dents. Le petit filet terminal des antennes supérieures assez long. Pattes machoires externes ne dépassant que de peu le pédoncule des antennes externes. Pattes de la première paire atteignant le bord de l'appendice lamelleuse des antennes externes.

Pattes de la deuxième paire très longues.

Dimensions de la patte droite: 16, 28, 56 Mm., mains 46 Mm., doigt 23 Mm.

„   „ „   „ gauche: 9, 18, 30 „   „ 26 „   „ 12 „

Les pinces sont courbées et pourvues de petites dents noires plus grandes sur les tiers inférieurs et se trouvant jusqu'au bout.

Les doigts sont garnis de poils longs, blancs, qui les rendent pileux sur la main, ils sont moins gros et diminuent en nombre vers le bout inférieur de l'article.

Toute la deuxième patte est couverte d'épines courtes, droites, tronquées, arrangées en séries longitudinales, plus ou moins grossissant vers la main, grandes surtout et longues au bord inférieur. Les pattes ont des granules et des poils. Le cephalothorax est couvert de points imprimés très gros et serrés sur les régions branchiales, plus espacés sur le cephalothorax et le haut de la carapace. Les articles de l'abdomen ont aussi sur les côtés des points imprimés.

PALAEMON REUNIONNENSIS. Taf. IX, Fig 66 et 67.

Palaemon à rostre dépassant l'appendice lamelleuse des antennes externes garni de dix dents en dessus et à deux dents en dessous. La partie inférieure du rostre est droite, la partie supérieure est courbée. La troisième dent est au niveau du bord oculaire. Deux épines de chaque côté de la carapace. Tigelle secondaire des antennes intérieures s'unissant sur une petite étendue à la tige seconde. Pattes machoires externes assez longues, dépassant beaucoup la portion pédonculaire des antennes externes. Pattes de la première paire atteignant l'extrémité du rostre, celles de la deuxième paire sont très longues, la gauche aussi longue que la droite, carpe plus longue que la partie palmaire de la main. Les pinces sont crochues au bout, chaque doigt pourvu d'une dent. Tous les articles de la deuxième paire sont chagrinées par des tuberosités spiniformes laissant un sillon sur le haut du bord comme chez Palaemon Mayottensis. Le dernier article des pattes suivantes se termine en point et est couvert de fines poils.

Dimensions: Longueur depuis le front du rostre au bout = 140 Mm.

       „   du rostre = 38 Mm.

       „   du cèphalothorax avec rostre = 61 Mm.

       „   de la deuxième paire des pattes 19, 30, 37 Mm.

       „   de la main 35 Mm., doigts 22 Mm.

La collection de MM. Pollen et Van Dam contient douze exemplaires de cette espèce de l'île de la Réunion.

PALAEMON LONGIMANUS. n. (Voyez Pl. IX, Fig. 68 et 69.

Palaemon à rostre court, n'atteignant pas l'extrémité des pédoncules des antennes internes et armé de neuf à dix dents en dessus et de trois en dessous. La deuxième dent est au niveau du bord oculair. Deux épines de chaque côté de la carapace. Pattes machoires externes dépassant la portion pédonculaire des antennes externes. Pattes de la première paire longues, dépassant beaucoup l'appendice lamelleuse des antennes externes. Pattes de la deuxième paire très longues, égales, renflées, hérissées d'une multitude de tubercules assez gros, surtout sur les doigts. Pinces courbées, crochues au bout. Le doigt immobile montre à la base deux dents, dont une très grande, l'autre plus petite, le doigt mobile montre aussi une dent très grande, vers l'extrémité ils sont pourvus de petites épines. Les pattes des paires suivantes sont courtes et les derniers articles pourvus de fines poils. Cette espèce ressemble beaucoup à Palaemon hirtimanus de Milne Edwards, mais elle diffère d'elle par l'égalité des pattes de la deuxième paire, les quelles sont fort inégales chez l'hirtimane.

Dimensions: Longueur depuis le roste au bout = 120 Mm.

       „   du rostre = 27 Mm.

       „   du cephalothorax avec rostre = 53 Mm.

       „   de la deuxième paire des pattes 19, 35, 36 Mm.

       „   de la palme de la main 56 Mm. doigts 32 Mm.

Dix exemplaires de l'île de la Réunion.

PALAEMON MADAGASCARIENSIS. (Voyez Pl. VII, Fig. 58).

Palaemon à rostre armé de huit à neuf dents en dessus et deux en dessous, dépassant l'extrémité des pédoncules des antennes internes, mais n'atteignant pas l'appendice lamelleuse des antennes externes. La deuxième dent est au niveau du bord oculair. Deux épines de chaque côté de la carapace Tigelle secondaire des antennes internes dentelée à son bord externe et s'unissant sur une petite étendue à la tige seconde. Pattes machoires externes ne dépassant que peu la portion pédonculaire des antennes externes. Pattes de la première paire beaucoup plus longues que l'appendice lamelleuse des antennes. Pattes de la deuxième paire égales, velues. Les pinces pourvues de fines poils. Le bord supérieur du doigt immobile et l'inférieur du doigt mobile montre une crête longitudinale qui s'accorde l'une avec l'autre. Le bord supero-inférieur du troisième article des pattes suivantes pourvu de deux épines aigues.

Dimensions: Longueur depuis le front du rostre au bout $= 82$ Mm.

      „   du rostre 18 Mm.

      „   du cephalothorax avec rostre $= 32$ Mm.

      „   de la deuxième paire des pattes 8, 11, 9 Mm.

      „   de la main 10 Mm., doigt $8^1/_2$ Mm.

La collection de MM. Pollen et Van Dam contient 4 exemplaires de cette espèce de l'île de Nossy-Faly.

PALAEMON PARVUS. (Voyez Pl. VII, Fig. 59.

Palaemon à rostre armé de douze dents en dessus et à quatre en dessous atteignant à peu pres l'appendice lamelleuse des antennes externes. La troisième dent est au niveau du bord oculaire. Carapace armée de deux dents. Pattes machoires externes dépassant la portion pédonculaire des antennes externes. Pattes de la première paire un peu plus longues que l'appendice lamelleuse des antennes externes. Les pinces des pattes de la deuxième paire finissant en pointe et pourvues de fines poils. Carapace lisse.

Dimensions: Longueur du cephalothorax avec rostre $= 22^1/_2$ Mm.

      „   du roste $= 12^1/_2$ Mm.

      „   depuis le front du roste au bout $= 51$ Mm.

      „   de la deuxième paire 6, 8, 11 Mm.

      „   de la main 9 Mm., doigts $5^1/_2$ Mm.

La collection de MM. Pollen et Van Dam ne contient qu'un individu de cette espèce de l'île de Nossy-Faly.

STOMATOPODA.

SQUILLIDAE.

Genre SQUILLA Fabricius.
SQUILLA STYLIFERA Lamarck.

Squilla stylifera. Lamarck Hist. des animaux s. vert. V, p. 189. — Milne Edwards Hist. des Crust. T. II, p. 526. — Milne Edwards dans Maillard, „Notices sur l'île de la Réunion Annexe," F. 59. — Von Martens Uebersicht p. 113.

La collection de MM. Pollen et Van Dam contient un exemplaire de cette espèce ' l'île de la Réunion.

Genre GONODACTYLUS Latreille.
GONODACTYLUS CHIRAGRA Latr.

Gonodactylus chiragra. Milne Edwards Hist. der Crust. II, p. 528. — Milne Edwards dans Maillard Annexe F. 60. — Krauss die Sudafr. Crustaceen p. 60. — Hilgendorf dans von der Decken's Reisen p. 103. — Von Martens Uebersicht p. 113.

La collection de MM. Pollen et Van Dam contient deux exemplaires de cette espèce provenant de l'île de la Réunion.

ÉNUMÉRATION DES CRUSTACÉS

TROUVÉS A MADAGASCAR ET LES MASCAREIGNES

PAR

C. K. HOFFMANN.

~~~~~~~~~~~

DECAPODA.

BRACHYURA.

OXYRRHYNCHA.

MACROPODIDAE.

1 Camposcia retusa Latr. Mauritius.
2 Doclea ovis. Herbst. Mauritius.

MAJIDAE.

3 Pisa Styx Herbst. Mauritius. Réunion.
4 Micippe Philyra Herbst. Mauritius.
5 Pisa brevicornis Milne Edwards. Cap. St. Marie (Madagascar.)
6 Stenocinops cervicornis Herbst. Mauritius.
7 Menoethius monoceros Latreille = Inachus arabicus Rüpp. Mauritius. Réunion.
8   „   rugosus Milne Edwards. Réunion.
9   „   Diadema Leach. Mauritius.
10   „   porcellus Adams et White. Mauritius.
11   „   tuberculatus Leach. Mauritius.
~~~~~~~~~~~

12 Acanthonyx consubrinus Milne Edwards. Réunion.
13   „   limbatus Milne Edwards. Réunion.
14   „   Macleaii Krauss. Mauritius.
15 Huenia depressa Milne Edwards. Réunion.

PARTHENOPIDAE.

16 Lambrus contrarius Herbst. Réunion.
17   „   echinatus Herbst. Mauritius.
18 Parthenope spinosissima Milne Edwards. Réunion.

CYCLOMETOPA.

OETHRIDAE.

19 Oethra scruposa Linn. Mauritius. Réunion.

CANCRIDAE.

20 Carpilius maculatus Linn. Réunion. Nossy-Faly.
21   „   convexus Forskal. Réunion.
22   „   petraeus Herbst. Mauritius.
23   „   cinctimanus Adams et White. Mauritius.
24 Cancer limbatus Milne Edwards. Mauritius.
25   „   sinuatifrons Adams et White. Mauritius.
26   „   exsculptus Herbst. Mauritius.
27 Actaea pilosa Milne Edwards. Réunion.
28   „   nodulosa Milne Edwards. Réunion. Mauritius.
29   „   Rüppelli Krauss. Mauritius.
30 Hypocoelus sculptus Milne Edwards. Nossy-Faly.
31 Carpiloxanthus Vaillantianus Milne Edwards. Réunion.
32 Zozymus pubescens Milne Edwards. Mauritius.
33   „   aeneus. L. Réunion. Mauritius.
34   „   tomentosus Milne Edwards. Mauritius.
35 Epixanthus Kotschii Heller. Nossy-Faly, Nossy-Bé.
36 Xantho rufopunctatus Milne Edwards. Mauritius. Réunion.
37   „   Lamarckii Milne Edwards. Mauritius Réunion.
38   „   impressa Lamarck. Mauritius.
39   „   livida Lamarck. Mauritius.
40   „   punctata Milne Edwards. Mauritus.
41   „   radiata Milne Edwards. Mauritius. Réunion.
42   „   lamelligera Adams et White. Mauritius.

43 Xantho (Daira) perlata de Haan. Mauritius.

44   "   quinquedentata Krauss. Mauritius.

45 Chlorodius ungulatus Milne Edwards. Nossy-Faly.

46   "   sanguineus Milne Edwards. Mauritius.

47 Ozius tuberculosus Milne Edwards. Mauritius.

48   "   guttatus Milne Edwards. Mauritius.

49 Etisus dentatus Herbst. Mauritius.

50 Galene natalensis Krauss. Nossy-Faly.

51 Pilumnus vespertilio Leach. Nossy-Faly.

52 Menippe Martensi Krauss. Nossy-Faly.

53   "   Rumphii Fabr. Nossy-Faly.

54   "   signata Adams et White. Mauritius.

55 Ruppellia tenax Rüppel. Réunion.

56   "   impressa Lamarck. Réunion.

ERIPHIIDAE.

57 Eriphia laevimana Latr. Mauritius. Réunion. Madagascar.

58   "   Smithii Milne Edwards. Nossy-Faly.

59 Trapezia ferruginea Latreille. Mauritius.

60 Melia tessellata Latreille. Mauritius. Réunion.

PORTINUDAE.

61 Scylla serrata Forskal. Réunion. Mayotte.

62 Neptunus granulatus Milne Edwards. Mauritius Réunion.

63   "   sanguinolentus Herbst. Réunion.

64   "   vigilans Dana. Réunion.

65   "   Sieboldii Milne Edwards. Réunion.

66   "   pelagicus L. Nossy-Faly.

67   "   madagascariensis n. Nossy-Faly.

68 Thalamita Prymnoa Herbst. Nossy-Bé. Nossy-Faly. Mayotte.

69   "   crenata Latreille. Nossy-Faly.

70   "   integra Dana. Réunion.

71   "   Helleri n. Nossy-Faly.

72   "   (Charabdys) dura Adams et White. Mauritius.

73 Goniosoma natator Herbst. Nossy-Faly. Mayotte.

74   "   annulatum Milne Edwards. Nossy-Faly.

75   "   sexdentatum Herbst. Mayotte.

76   "   paucidentatum Milne Edwards. Mauritius. Réunion.

77   "   dubium n. Réunion.

78 Podophthalmus vigil Fabr. Mauritius. Réunion.

CATOMETOPA.

THELPHUSIDAE.

79 Thelphusa indica Latreille. Mauritius.

GECARCINIDAE.

80 Cardisoma carnifex Herbst. Nossy-Faly. Mauritius.

PINNOTHERIDAE.

81 Pinnixa brevipes. Milne Edwards. Madagascar.

OCYPODIDAE.

82 Ocypoda cordimana Desm. Mauritius. Réunion.
83   „   ceratophthalma Fabr. Mauritius. Réunion. Nossy-Bé. Nossy-Faly.
84   „   aegyptica Gerst. Nossy-Faly.
85   „   cursor L. Mauritius.
96   „   brevicornis Milne Edwards. Mauritius.
87 Gelasimus tetragonon Herbst. Mauritius. Nossy-Bé. Réunion.
88   „   chlorophthalmus Milne Edwards. Mauritius. Réunion. Nossy-Bé.
89   „   Marionis Desm. Nossy-Faly.
90   „   vocans Milne Edwards. Nossy-Faly. Nossy-Bé.
91   „   Dussumieri Milne Edwards. Nossy-Bé.
92   „   annulipes Latr. Nossy-Faly. Nossy-Bé.
93   „   inversus n. Nossy-Faly.
94 Dotilla myctiroides Milne Edwards. Seychelles.
95 Macrophthalmus parvimanus Latr. Réunion. Mauritius.
96   „   Polleni n. Sakatia.
97   „   sulcatus Milne Edwards. Mauritius.

GRAPSIDAE.

98 Grapsus strigosus Latr. Nossy-Faly. Mauritius.
99   „   Pharaonis Milne Edwards. Nossy-Faly. Réunion.
100   „   maculatus Milne Edwards. Nossy-Faly.
101   „   rubidus Stimps Réunion.
102   „   plicatus Krauss. Mauritius.
103   „   (Metopograpsus) messor Milne Edwards. Nossy-Faly. Nossy-Bé. Sakatia. Mauritius.

104 Nautilograpsus minutus Milne Edwards. Réunion.
105 Plagusia planissima Herbst. Mauritius.
106   „   depressa Latr. Mauritius.
107   „   squamosa Herbst. Mauritius.
108 Acanthopus affinis Milne Edwards. Nossy-Faly.
109 Trichopus litteratus De Haan. Mauritius.
110 Sesarma tetragonon Fabr. Mauritius. Nossy-Faly, Nossy-Bé, Sakatia.
111   „   Smithii Milne Edwards. Nossy-Faly.
112   „   bidens de Haan. Nossy-Faly. Nossy-Bé.
113 Helice (Cyclograpsus) Latreillei. Milne Edwards. Mauritius.

PINNOTHERIDAE.

114 Pinnotheres brevipes Milne Edwards. Madagascar.
115 Elamene Mathaei Latreille. Réunion.

OXYSTOMA.
CALAPPIDAE.

116 Calappa fornicata Fabr. Mauritius.
117   „   tuberculata Herbst. Nossy-Faly. Baie de Passandavi. Mauritius.
118   „   gallus Herbst. Mauritius. Nossy-Faly. Réunion.
119   „   sp. Mauritius.
120 Matuta victor Fabr. Baie de Passandavi. Réunion.
121   „   lunaris Leach. Mauritius.
122   „   distinguenda n. Baie de Passandavi.

LEUCOSIDAE.

123 Myra fugax Leach. Mauritius.
124 Ixa canaliculata Leach. Mauritius. Réunion.
125 Nursia Hardwickii Leach. Mauritius.

ANOMURA.
DROMIIDAE.

126 Dromia fallax Lamarck. Mauritius. Réunion.
127   „   hispida Desm. Réunion.
128   „   Rumphii Fabr. Mauritius.

RANINIDAE.

129 Ranina dentata Latr. Mauritius. Réunion.

HIPPIDAE.

130 Albanea symnista Fabr. Réunion.
131 Remipes ovalis Milne Edwards. Réunion.

PAGURIDAE.

132 Pagurus deformis Milne Edwards. Mauritius. Seychelles. Réunion.
133 „ aniculus Fabr. Mauritius. Réunion.
134 „ punctatus Oliv. Madagascar, Mauritius.
136 „ sp. Réunion.
136 Coenobita clypeatus Milne Edwards. Mayotte.
137 „ violascens Heller. Nossy-Bé.
138 „ rugosus Milne Edwards. Réunion.
139 Birgus latro L. Mauritius.

PORCELLANIDAE.

140 Porcellania asiatica. Leach. Réunion.

MACROURA.

SCYLLARIDAE.

141 Scyllarus squamosus Milne Edwards. Mauritius.
142 Thenus orientalis Leach. Madagascar.
143 Ibacus antarcticus Fabr. Réunion. Mauritius.

PALLINURIDAE.

144 Palinurus ornatus Fabr. Mauritius. Nossy-Bé. Réunion.
145 „ fasciatus Fabr. Nossy-Bé.
146 „ Ehrenbergi. Heller. Réunion.
147 „ penicillatus Oliv. Réunion.
148 „ taeniatus Lamarck. Mauritius.
149 „ guttatus. Latr. Mauritius.

ASTACIDAE.

150 Enoplometopus pictus Milne Edwards. Réunion.

ATYIDAE.

151 Atya sp. Seychelles.

ALPHEIDAE.

152 Alpheus villosus Oliv. Réunion.
153 „ ventrosus Milne Edwards Réunion.

PALAEMONIDAE.

154 Palaemon hirtimanus Oliv. Mauritius. Réunion.
155 „ mayottensis n. Mayotte. Nossy-Faly.
156 „ alphonseanus n. Réunion.
157 „ longicarpus n. Réunion.
158 „ madagascariensis n. Madagascar. Nossy-Faly.
159 „ parvus n. Nossy-Faly.
160 „ reunionnensis n. Réunion.
161 „ natator Milne Edwards. Réunion.

PENEIDAE.

162 Stenopus hispidus Oliv. Mauritius.
163 Peneus canaliculatus Oliv. Mauritius.

STOMATOPODA.

SQUILLIDAE.

164 Squilla stylifera Lam. Mauritius. Réunion.
165 Gonodactylus chiragra Latreille. Réunion.
166 „ scyllarus Latreille. Réunion.
167 „ trispinosus White. Mauritius.

TETRADECAPODA.

AMPHIPODA.

GAMMARIDAE.

168 Amphithoë costata Milne Edwards. Réunion.

HYPÉRINA.

169 Anchylomera Hunteri Milne Edwards. Réunion.

LAEMODIPODA.

CAPRELLIDAE.

170 Caprella scaura Templ. Mauritius.
171 „ nodosa Templ. Mauritius.
172 „ megacephala Milne Edwards. Cap. St. Marie. (Madagascar).

ISOPODA.

CYMOTHOIDAE.

173 Cymothoa Mathaei Leach. Réunion.

BRANCHIOPODA.

PHYLLOPODA

174 Limnadia mauritiana Guérin. Mauritius.

ENTOMOSTRACA.

OSTRACODA.

175 Cypris cristatus Templ. Mauritius.

CIRRIPEDIA.

LEPADINA.

176 Pollicipes mitella L. Madagascar.

Pour la composition de la liste précedente contenant l'énumération des Crustacés, trouvés à Madagascar et ses dépendances, je me suis servi des ouvrages suivants: M. Milne Edwards Histoire naturelle des Crustacés; A. White List of the Crustacea in the British Museum; A. Milne Edwards Faune carcinologique de l'île de la Réunion, dans Maillard „Notes sur l'île de la Réunion"; Gray Catalogue of the Crustacea in the British Muséum; les études zoologiques sur les Crustacés de A. Milne Edwards dans les annales des sciences naturelles et dans les archives du muséum, ainsi que l'étude zoologique de Milne Edwards, contenant la description de quelques Crustacés nouveaux provenant du voyage de M. Alfred Grandidier à Zanzibar et à Madagascar, dans les nouvelles Archives du Muséum. Tom. IV, 1869.

ÉNUMÉRATION DES ÉCHINODERMES

RECUEILLIS PAR

MM. **POLLEN** ET **VAN DAM**

A

MADAGASCAR ET SES DÉPENDANCES.

---

1 Ophiocoma scolopendrina Lamarck.
2 Linckia miliaris Müller und Troschel.
3 „ multiforis Lam.
4 Oreaster muricatus (Linck) Gray.
4ᵃ „ „ *Var.* mutica. Von Martens.

5 (Cidaris) Phyllacanthus verticillata Lam.
6 Cidaris fustigera Al. Agassiz.
7 „ pistillaris Lamarck.
8 Salmacis bicolor Ag.
9 Echinometra lucuntur L.
10 „ atrata L.

ÉCHINODERMES.

OPHIURES.

Genre **OPHIOCOMA** Agassiz.

OPHIOCOMA SCOLOPENDRINA Lamarck.

Ophiura scolopendrina. Lamarck Anim. s. vert. II, p. 544; Agass. Prodrome d'une monographie des Rad. etc.; Müller et Troschel Syst. der Ast. p. 101; Lutken Addit ad Hist. Ophiur. p. 142; Dujardin et Hupé Hist. natur. des Zoophytes Échinod. p. 264; Von Martens Archiv. f. Naturg. 1865, p. 87; Von Martens dans Von der Decken's Reisen in Ost-Afrika. Uebersicht p. 129.

Bras dix à douze fois aussi longs que le diamètre du disque, très fortement herissés d'épines divergentes et pourvus de plaques ventrales un peu plus longs que larges, quadrangulaires, à angles émoussés. La face dorsale du disque est couverte de petits granules rudes et saillants. A la face ventrale on trouve des plaques buccales aussi longues que larges, tronquées près de la bouche. Les papilles dentaires sont placées sur trois rangées. Plaques dorsales des bras prèsque deux fois aussi larges que longues, arrondies au sommet et taillées en angles obtus, plus ou moins distinctes sur le côté opposé.

Les piquants latéraux sont disposés en quatre rangées, sont plus longs, plus épais et plus obtus que les inférieurs.

La coloration est d'un vert brunâtre, fort plus clair en dessous qu'en dessus. Les exemplaires que nous avons reçus de l'île Mayotte par MM. Pollen et Van Dam, manquent les bandes plus obscures sur la face dorsale des bras. Les piquants inférieurs sont plus clairs, les supérieurs plus foncés.

La largeur du disque est de 13 à 14 Mm.

La longueur d'un bras est de 130—150 Mm.

Deux exemplaires de l'île Mayotte. L'ophiocome scolopendrine a une distribution geographique très grande, elle est trouvée dans les mer des Indes, la mers rouge, Zanzibar, Mosambique et dans les mers de l'Australie.

ASTERIDES.

Genre LINCKIA Nardo.

LINCKIA MILIARIS Müller et Troschel. (Voyez Pl. X, Fig. 20).

Linckia Brownii. Gray. Annals and Mag. of natural hist. Tom VI, 1840, p. 175, 275. — Synopsis of the spec. of Starfishes in the British. Museum p. 13. — *Linckia typus.* Nardo Isis 1834. p. 717; Gray. Annals and Mag. of natural. Hist. Tom VI, 1840, p. 175, 275. — Synopsis etc. p. 13. — *Ophidiaster miliaris.* Müller et Troschel Syst. der Ast. p. 30. — *Ophidiaster suturalis.* Müller et Troschel Syst. der Ast. p. 30. — *Stella marina I.* De gemeene soort (Rumpf. Ambon'sche rariteitkamer); Seba III, 6, 14 et 15. — *Pentadactylosaster asper miliaris.* Linck. Stella marina p. 34. Taf. 28. Fig. 47. — *Asterias laevigata* Linné Gmelin p. 3164; Lamarck Anim. s. vert. II, p. 566. — *Linckia miliaris.* Von Martens Archiv. f. Naturg. p. 64 et 85. — *Ophidiaster miliaris et suturalis.* Dujardin et Hupé Zoophytes. Échinod. p. 360. — *Linckia miliaris.* Von Martens dans von der Decken's Reisen. Uebers. p 125.

Proportions de la forme du corps trés variantes. Espèce pourvue de cinq bras, rarement de quatre, dont la longueur, à partir du centre, égale huit à dix fois le rayon du disque. La largeur des bras à la base égalant neuf à onze fois la longueur des bras. Les piquants du sillon ambulacraire sont petits, cylindriques et forment deux rangées, ceux de la rangée externe sont moins nombreux, mais non plus grands que les internes. A la face ventrale, près du sillon ambulacraire se trouvent quatre rangées de petites plaquettes moitié aussi grandes que celles du dos. En dehors sur les côtés des bras, ils existent des rangées longitudinales, assez régulières de plaques plus grandes. Sur le dos des bras ces plaquettes sont beaucoup plus petites et irrégulièrement éparses. La granulation est fine et uniforme. Les aires poreuses du dos sont plus grandes que les plaques elles mêmes et contiennent chacune environ 30—40 pores tentaculaires. Celles sur le dos du disque et des bras sont irrégulièrement dispersées, celles des côtés forment des rangées assez régulières. La plaque madreporique est située très loin du centre.

Rayon du bras de 165 à 210 Mm.

Coloration pendant la vie de blanc bleuâtre.

Cette espèce laquelle est trés commune dans les mers des Indes parait être assez rare au côté Ouest de l'Afrique. Selon Von Martens les exemplaires qui sont ramassés par Mr. Von der Decken, sont les premiers de cette espèce, que sont trouvés au côté Ouest de l'Afrique. Par MM. Pollen et Van Dam nous avons reçu 5 échantillons de l'île de Nossy-Faly.

LINCKIA MULTIFORIS. Lam.

Ophidiaster multiforis. Müller et Troschel. Syst. der Ast. p. 31. — *Asterias multifora*. Lamarck Anim. s. vert. II, p. 565. — *Linckia multiforis*. Von Martens Archiv. f. Naturg. 1866, p. 65; Von Martens dans Von der Decken's Reisen. Uebersicht p. 129.

Espèce pourvue de quatre, cinq ou six bras. Selon Müller et Troschel la plaque madreporique serait double chez les individus à quatre et cinq bras et triple chez ceux qui en ont six. Von Martens (Archiv. f. Naturg. 1866, p. 65) au contraire trouvait que le nombre des plaques madreporiques et des bras ne dépende pas l'un de l'autre, que cinq bras et deux plaques madreporiques est la régle générale un resultat auquel un examen des échantillons qui sont trouvés à Nossy-Faly par MM. Pollen et Van Dam et de ceux qui se trouvent dans le musée des Pays-Bas, m'a aussi conduit. Quand on trouve plus qu'une plaque madreporique, alors la deuxième se présente très rarement dans la même, ordinairement dans une autre espace interbrachiale.

Les bras sont cylindriques, étroits, très dissimilaires développés et huit à dix fois aussi longs que le rayon du disque à partir du centre. Ordinairement la plaque madreporique se trouve dans deux espaces interbrachiales, suivant l'un sur l'autre et ce bras entouré par ces deux espaces interbrachiales est ordinairement plus développé que les autres.

Par MM. Pollen et Van Dam sont trouvés huit échantillons de cette espèce.

De ces huit individus, il se trouvent six à deux plaques madréporiques et cinq bras, un à une plaque madréporique et six bras et un à deux plaques madréporiques et six bras.

Genre OREASTER Müller et Troschel.

OREASTER MURICATUS (Linck,) Gray. (Voyez Pl. X, Fig. 71).

Pentaceros muricatus. Linck de Stellis marinis p. 23, taf. 7, fig. 8; Gray Annals and Mag. of Nat. hist. Bd. VI, 1841, p. 277. Synopsis etc. p. 6. — *Oreaster castelum*. Grube Breslauer Zeit. von 7 Febr. 1865. — *Oreaster tuberculatus*. Müller et Troschel Syst. der Asteriden p. 47. —? *Oreaster mamillatus*. Müller et Troschel Syst. der Ast. p. 48. — *Oreaster muricatus*. Herklots Bijdragen tot de dierkunde; Uitgegeven door Natura Artis Magistra; Von Martens Archiv. f. Naturg. 1866, p. 77; Von Martens dans Von der Decken's Reisen. Uebers. p. 130.

Comme von Martens l'a déjà décrit, cette espèce montre des variations très grandes. Les individus de Madagascar se distinguent par les caractères suivants. La longueur du bras à partir du centre, égale trois fois le plus petit rayon du disque. Les piquants du sillon ambulacraire forment deux rangées, ceux de la rangée interne sont au nombre de sept à neuf sur chaque plaque dont l'intermédiaire est le plus grand, ceux de la rangée externe au nombre de deux à trois sur chaque plaque sont plus grands. La granulation sur la face ventrale est beaucoup plus forte que sur le dos. Les plaques marginales inférieures au nombre de dix-huit à dix-neuf, appartiennent complétement à la face ventrale et sont peu distinctes, elles ne portent jamais des tubercules ni des piquants. Les plaques marginales supérieures sont au nombre de seize à dix-sept; à l'extrémité des bras quelques-unes de ces plaques portent toujours des tubercules très grands. La base du tubercule est granuleuse, le sommet est nu. A la face dorsale il existe un réseau de saillies granuleuses formant de sorte de mailles irrégulières, quelques noeuds de ce réseau seulement s'élèvent irrégulièrement en gros tubercules coniques. Sur la carène des bras ces tubercules forment ordinairement une rangée bien apparente et sur le milieu du dos un pentagon régulier. Les tubercules sont construés comme ceux des plaques marginales supérieures. Les aires tentaculaires contiennent un nombre très grand de pores. A la face ventrale on remarque ça et là de très petites pedicellaires.

10 Échantillons trouvés par MM. Pollen et Van Dam à Nossy-Bé.

OREASTER MURICATUS.

Var. *Mutica* Von Martens (Voyez Pl. X, Fig. 71).

Un exemplaire par MM. Pollen et Van Dam de l'île de Nossy-Faly.

ECHINOIDES.

Genre CIDARIS LAMARCK.

(CIDARIS) PHYLLACANTHUS VERTICILLATA A. AGASSIZ.

Cidaris verticillata. Lamarck. Ann. s. vert. 2 Edit. T. III, p. 381, No. 8. — *Echinometra digitata secunda.* Rumpf. Ambon'sche Rariteitkamer p. 33. — *Cidaris verticillata.* Encyclop méthod. p. 136, f. 2 et 3. — Agassiz Prodrome etc. p. 189. — Agassiz et Désor Catalog. raisonné: Annal des sciences naturelles 3 Serie. Tom. 6, 7 et 8, 1847, p. 237. — Dujardin et Hupé Hist. des Zoophyt. Échinodermes p. 473. — Von Martens Archiv. f. Naturg. p. 141, 1866; dans Von der Decken's Reisen: Uebersicht p. 131. — *Phyllacanthus verticillata.* Al. Agassiz Illustrated Catalogue of the Museum of comparative Zoölogy 1873, p. 392.

Cette espèce la quelle est assez commune dans les mers chaudes de l'ancien monde se trouve présque sur toutes les îles de l'Archipel indien et selon Dujardin et Hupé aussi dans les mers australes. Par MM. Pollen et Van Dam nous sont envoyés deux échantillons de Nossy-Faly. Les piquants sont grands, chargés d'épines verticillées, ceux qui environnent la bouche étant simplement subulés. Cinq à six rangées de tubercules interambulacraires.

CIDARIS FUSTIGERA Al. Agassiz.

Cidaris fustigera. Al. Agassiz Proc. ac. n. sc. Philadelphia 1863, p. 353. — *Cidaris fustigera.* Von Martens Archiv. f. Naturg. p. 147, 1866.

Cette espèce égale très beaucoup Échinomètre mamelonné par la grandeur, la forme et la couleur des piquants. Les piquants sont d'une couleur violette et chez les échantillons nous envoyés de Nossy-Bé marqués de quatre taches annulaires jaunâtres. Les radioles sont très finement granuleux, avec quelques sillons longitudinaux très distincts et très réguliers vers l'extrémité, la quelle se termine par une sorte de troncature, sur laquelle viennent se rendre ces stries longitudinales, très prononcées. Dans les aires interambulacraires les radioles ne sont pas placés régulièrement l'un à côté de l'autre, mais ainsi qu'ils alternent l'un avec l'autre, pour cela le nombre des radioles n'est pas constant dans chaque serie, mais change de quatre à cinq. Au pourtour du peristome ou trouve quelques radioles beaucoup plus petits, lesquels ne montrent pas les bandes jaunâtres.

Cette espèce est trouvée dans les Mers des Indes, sur les côtés de la Nouvelle-Hollande, dans la mer rouge et par MM. Pollen et Van Dam à Nossy-Bé.

CIDARIS PISTILLARIS Lamarck.

Cidaris pistillaris. Lamarck Anim. s. vert. 2 Edit. T. III, p. 379, N°. 2. — Encyclop. méthod. p. 137. — Agassiz Prodrome p. 190. — Desmoulins Échin p. 322. — Agassiz et Désor Cat. rais p. 326. — Dujardin et Hupé Hist. des Zoophyt. Échin. p. 471. — Von Martens dans Von der Decken's Reisen: Uebersicht p. 131.

Par MM. Pollen et Van Dam nous sont envoyés 3 exemplaires de cette espèce de Nossy-Faly, qui se distinguent par les caractères suivants. Les radioles sont obtus, à l'extrémité et garnis d'aspérités, en forme de petites épines, seulement la partie inférieure (le col) est finement striée. Dans les aires ambulacraires quatre rangées de granules. Les tubercules des aires interambulacraires alternent l'un avec l'autre, de sorte que le nombre des radioles n'est pas constant dans chaque série, mais change de six à sept. Au pourtour du peristome on trouve quelques radioles beaucoup plus petits. Vers le sommet on trouve quelques radioles acuminés vers l'extrémité.

Genre SALMACIS Agassiz.

SALMACIS BICOLOR Agassiz.

Salmacis bicolor. Agassiz Cat. rais. Ann. des Sc. 3, S. Tom. VI, 1846, p. 359. —

Dujardin et Hupé Histoire des Zooph. Échin. p. 515. — Von Martens dans Von der Decken's Reisen p. 127. — Al. Agassiz Illustrated Catalogue of the Museum of comparative Zoölogy p. 471, Pl. VIII, f. 11—12, 1873.

La collection de MM. Pollen et Van Dam contient trois exemplaires de l'île de Nossy-Faly.

Oûtre à Zanzibar et à Madagascaf cette espèce est aussi trouvée dans la mer rouge et à Bombay.

ECHINOMETRA LUCUNTUR L.

Echinus lucutur. Linn. Gmelin p. 3176; Encyclop. méthod. p. 134, f. 3, 4, 7; Lamarck Anin. s. vert. 2, Ed. III, p. 368. — *Echinus saxatilis*. Rumpf Amb. Rariteitkamer p. 31. — *Echinometra lucuntur*. Agassiz et Désor. Cat. rais. p. 371; Desmoulins Échin. Syn.; Blainville Manuel d'Actin.; Dujardin et Hupé hist. des Zooph. Échinod. p. 538; Von Martens Archiv. f. Naturg. 1866, p. 164; Von Martens Uebersicht dans Von der Decken's Reisen p. 131. — *Echinometra lucuntur*. Al. Agasiz Illust. Catal. etc. p. 431.

Cette espèce laquelle est très commune dans toutes les mers chaudes, non seulement dans les mers des Indes orientales, aux côtés de l'Afrique orientale, de Mosambique, de l'île de France, mais aussi dans les Indes septentrionales se distingue par son test renflé, de forme ovale et couvert de tubercules très nombreux. Peristome grand, appareil masticatoire très robuste. Les zônes poriféres portent quatre pavis de pores disposés en arcs, dans le pourtour du peristome on ne trouve que trois pairs de pores.

La longueur du test sans piquants égale à la largeur comme 1: 0,79 et à la hauteur du test comme 1: 0.52.

Par MM. Pollen et Van Dam nous avons acquis 30 échantillons de Nossy-Faly.

COLOBOCENTROTUS ATRATUS Al. Agassiz.

Echinus atratus. Linn. Gmelin p. 3177. — *Cidaris violacea*. Leske apud. Klein p. 117. T. 47, f. 1 et 2. — *Cidaris fenestrata*. Ibidem. Fig. a et b. — *Echinus atratus*. Lamarck Anim. s. vert. 2 Ed. p. 369, N°. 33; Encyclop. méthod. p. 140, f. 1—4. — *Echinometra atrata*. Blainville Manuel d'Actin p. 225, pl. 20, fig. 1; Agassiz Prodrome d'une monogr. p. 189. — *Podophora atrata*. Agassiz et Désor. Cat. rais; Dujardin et Hupé Hist. de Zooph. Échin. p. 541. — *Echinometra atrata*. Von Martens Archiv. f. Naturg. 1866. p. 168. — *Podophora atrata*. Von Martens Uebersicht dans Von der Decken's Reisen p. 132. — *Colobocentrotus atratus*. Al. Agass. Illust. Catalogue p. 424, 1873.

Espèce d'une belle couleur violette foncée. La longueur du test égale à la largeur comme 1: 0.84 et à la hauteur comme 1: 0.4.

Les tubercules sont disposés sur deux rangées dans chaque aire ambulacraire, ceux des aires interambulacraires formant au contraire des séries nombreuses.

MM. Pollen et Van Dam nous ont envoyé douze échantillons de cette espèce de Nossy-Faly. Généralement ces individus sont plus petits, que ceux des Mers des Indes. D'ailleurs cette espèce est aussi trouvée à l'île de la Réunion, aux Seychelles, sur les îles de Sandwich et sur les îles de Bonin. Quoique cette espèce est aussi très commune dans les mers des Indes, on ne connait pas encore avec exactitude les localités ou elle est trouvée; le musée de Leide a, excepté d'autres, deux individus de Padang, île Sumatra.

ÉNUMÉRATION DES ÉCHINODERMES

TROUVÉS A MADAGASCAR ET LES MASCAREIGNES.

PAR

C. K. HOFFMANN.

CRINOIDAE.

1 Comatula carinata Lam. Mauritius.

OPHIURIDAE.

2 Asterochema Rousseaui Mich. Réunion.
3 Ophiothrix longipeda Lam. Mauritius.
4 Ophiothrix nereidina Lam. Mauritius.
5 Ophioplocus imbricatus Müll. et Trosch. Mauritius. Seychelles.
6 Ophiolepis annulosa Bl. Mauritius.
7 Ophiactis sexradiata Grube = Ophiactis Reinhardti Lutk. Mauritius.
8 Ophiocoma erinaceus Müll. et Trosch. (nigra Michelin). Mauritius. Réunion.
9   „   lineolata Desm. Mauritius.
10   „   scolopendrina Ag. Mauritius. Mayotte.

ASTERIDAE.

11 Asterias tenuispina Lam. Réunion.
12   „   striata Lam. Mauritius.
13   „   calamaria Gray. Mauritius.
14   „   cylindrica Lam. Mauritius.
15 Echinaster echinulatus M. T. Mauritius.
16   „   fallax M. T. Mauritius.

17 Linckia ophidiana (L. Hemprichi) Mich. Mauritius.

18 „ marmorata Mich. Mauritius.

19 „ Leachii Gray. Mauritius.

20 „ multiforis Lam. Réunion. Nossy-Faly.

21 „ variolata Retz. Réunion. Mauritius.

22 „ Desjardinsii Mich. Mauritius.

23 „ milleporella Lam. Mauritius.

24 „ pistoria M. T. Réunion.

25 „ cylindrica Lamarck. Réunion.

26 „ · miliaris M. T. Nossy-Faly.

27 Culcita Novae Guineae M. T. Réunion.

28 Asterina gibbosa (minuta?) Michelin. Réunion.

29 Oreaster muricatus Linck. Nossy-Bé.

29a „ „ *var.* mutica Von Martens.

30 „ nodosus Gray. Mauritius.

31 „ obtusatus M. T. Mauritius.

32 „ obtusangulus M. T. Mauritius.

33 Archaster Mauritianus Gray (= angulatus M. T.). Mauritius.

34 Astropecten Mauritianus Gray. Mauritius.

35 „ longipes Gray. Mauritus.

ECHINOIDAE.

36 (Cidaris) Phyllacanthus verticillata Al. Agass. Nossy-Faly.

37 Cidaris metularia Lam. Mauritius. Seychelles.

38 (Cidaris) Phyllacanthus baculosa Al. Agass. Mauritius. Réunion.

39 Cidaris pistillaris Lam. Mauritius. Seychelles. Nossy-Faly.

40 „ lima Val. Réunion.

41 „ fustigera Agass. Nossy-Bé.

42 „ Krohnii Agass. Nossy-Bé. Seychelles.

43 Keraiophorus Maillardi Mich. (Coelopleurus Maillardi Al. Agass.) Réunion.

44 Diadema subulare Lam. Réunion.

45 „ Trappieri Mich. Réunion.

46 „ Savignya Aud. Réunion. Seychelles. Madagascar.

47 „ spinosissma Lam. Mauritius.

48 „ aequale Gray. Mauritius.

49 Pseudoboletia indiana Al. Ag. Mauritius. Réunion.

50 Sphaerechinus Australiae. Al. Ag. Mauritius.

51 Toxopneustes maculatus. Al. Ag. Réunion.

52 „ pileolus Al. Ag. Mauritius.

53 Tripneustes sardicus L. Mauritius.

54 Tripneustes fuscus Mich. Réunion.

55   „   zigzag Mich. Réunion.

56 Amblypneustes pentagonus Al. Ag. Mauritius.

57 Salmacis bicolor Ag. Nossy-Faly.

58 Boletia bizonata Désor. Réunion.

59 Heliocidaris variolaris Lam. Réunion. Mauritius.

60 Echinometra lucuntur L. Réunion. Mauritius.

61   „   Mathieui Bl. Réunion.

62   „   heteropora Agass. Réunion.

63   „   Maugei Bl. Réunion.

64 Colobocentrotus atratus Al. Ag. Seychelles. Nossy-Faly.

65 Heterocentrotus trigononarius Al. Agass. Mauritius.

66 Echinoneus cyclostomus Leske. Réunion.

67   „   crassus. Désor. Réunion.

68 Clypeaster reticulatus Leske. Réunion.

69   „   Coleae Gray. Mauritius.

70   „   explanatus Gray. Mauritius.

71 Laganum depressum Ag. Mauritius.

72 Lobophora biforis Gray. Madagascar.

73   „   bifissa Lam. Mauritius.

74   „   aurita Gmel. Réunion.

75 Spatangus planulatus Lam. (Hemipatagus Mascareignarum Mich,) Réunion.

76 Bryssus sternalis Lam. Mauritius.

77   „   carinatus Lam. Mauritius. Réunion.

78   „   compressus Lam. Mauritius.

79 Echinobryssus recens Al. Ag. Madagascar.

80 Maretia planulata Al. Ag. Mauritius.

81 Metalia maculosa Al. Ag. Mauritius.

HOLOTHURIAE.

82 Stichopus luteus Qu. et Gaim. Mauritius.

83 Holuthuria subrubra Qu. et Gaim. Mauritius.

84 Psolus appendiculatus Bl. Mauritius.

85 Cucumaria cylindrica. Semp. Mauritius.

Pour la composition de ces listes je me suis servi des ouvrages suivants: Dujardin et Hupé Histoire naturelle des Zoophytes Échinodermes; J. Müller et Troschel System der Asteriden; J. E. Gray Synopsis of the species of Starfish in the Britisch Muséum; E. Selenka Beiträge zur Anatomie und Systematiek der Holothurien; C. Semper Reisen im

Archipel der Philippinen; Michelin Annexe A dans Maillard Notes sur l'île de la Réunion; Agassiz et Désor Catal. raisonné des Echinides; J. E. Gray Catalogue of Echinida in the collection of the British Muséum; Th. Lyman, illustrated Catalogue of the Muséum of comparative Zoölogy; A Ljungman. Ophiuridae viventia huc. usque cognita; Michelin Magazin de Zoologie 1845. Al. Agassiz. Illustrated catalogue of the museum of comparative zoölogy at. Haward College N°. VII, „Revision of the Echini." 1873.

EXPLICATION DES PLANCHES.

NB. Passandavi sur p. 27 *doit être* Pasandava.

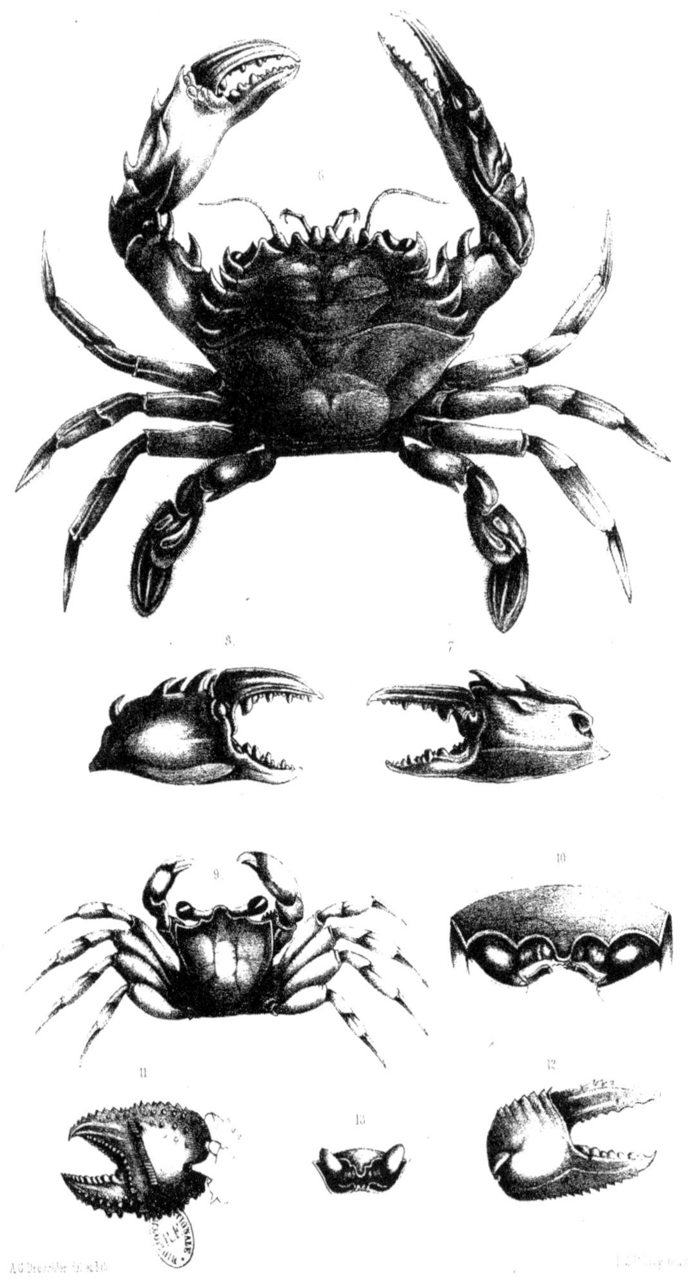

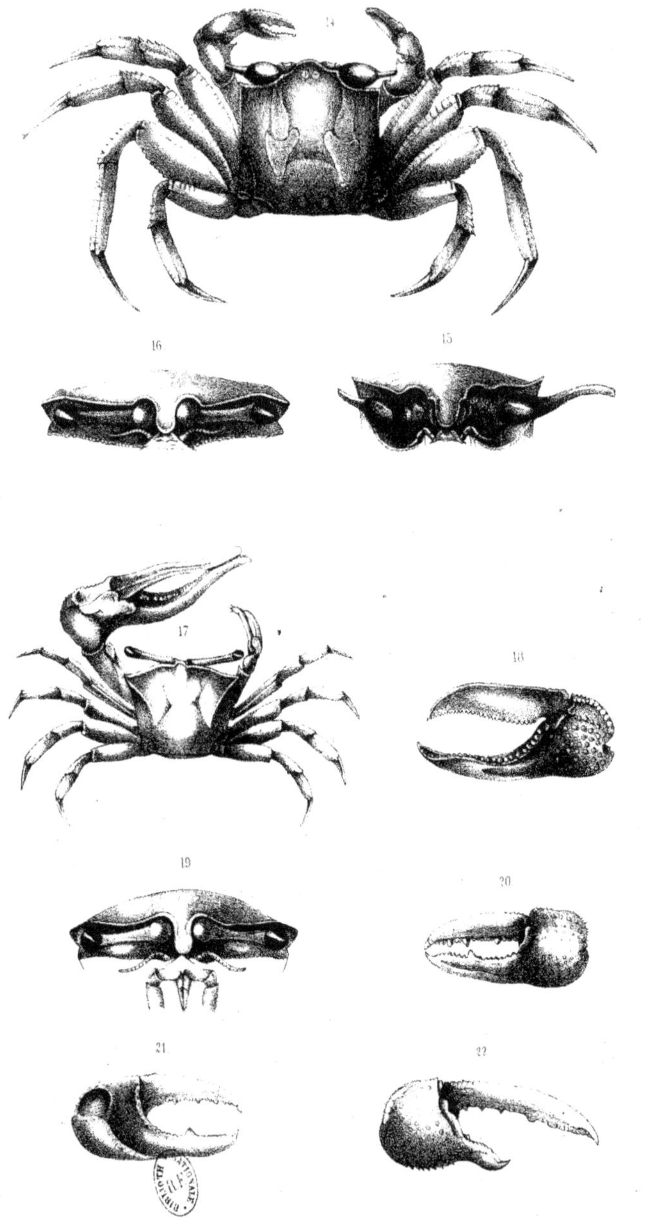

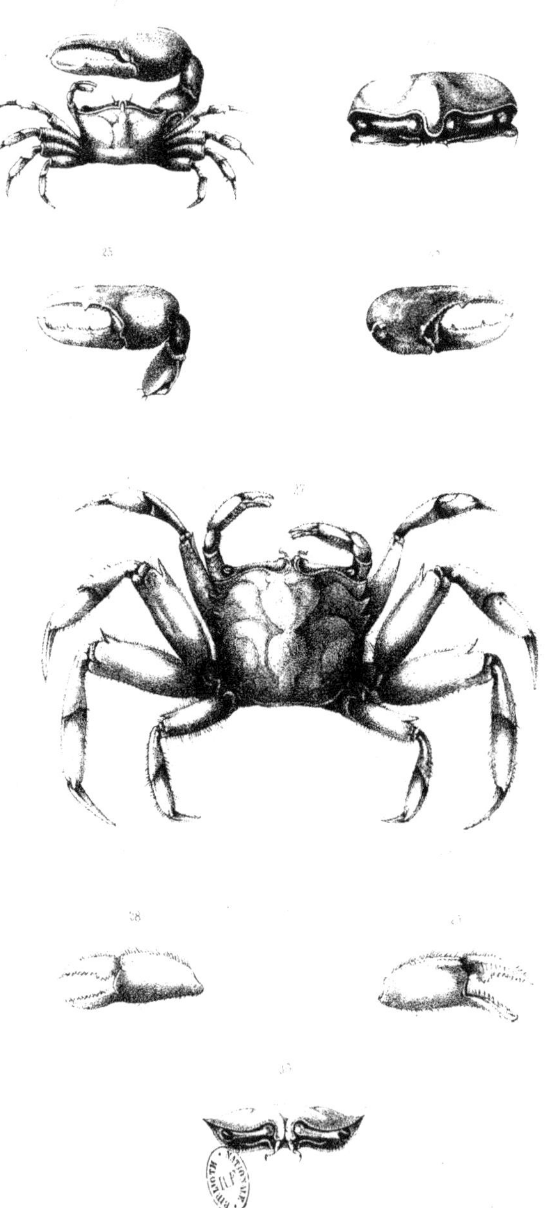

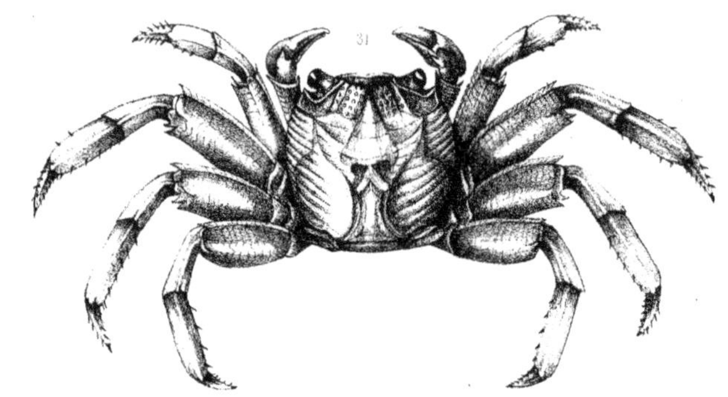

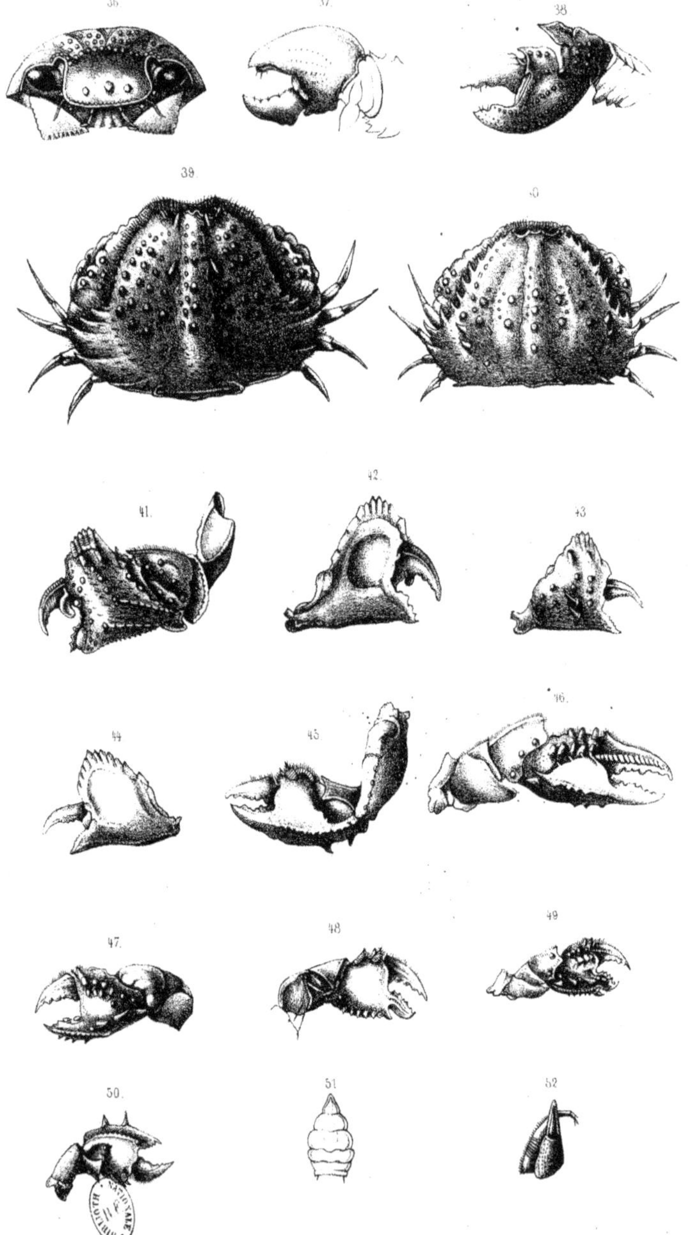

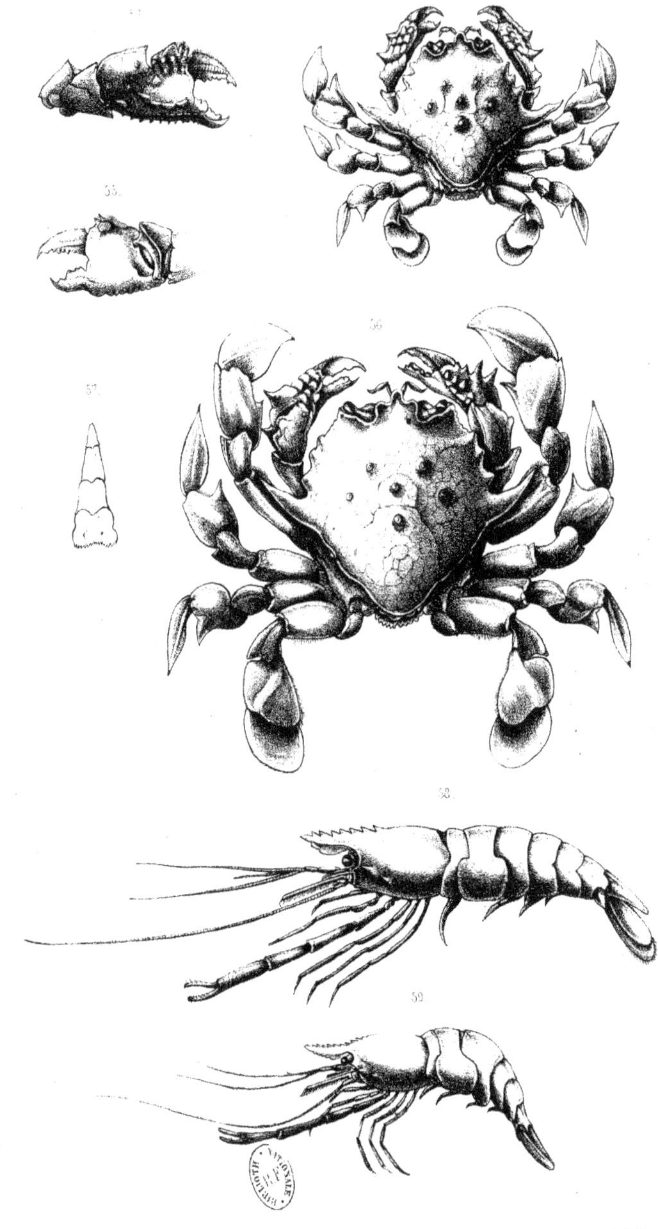

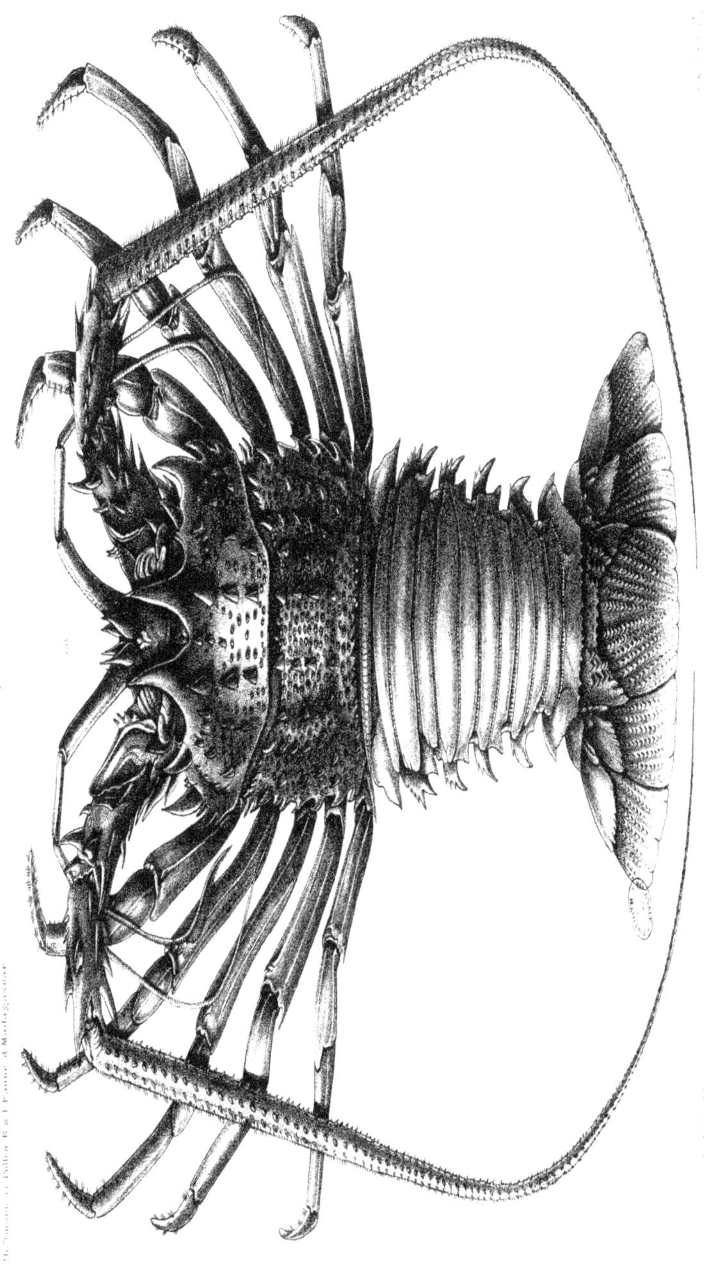

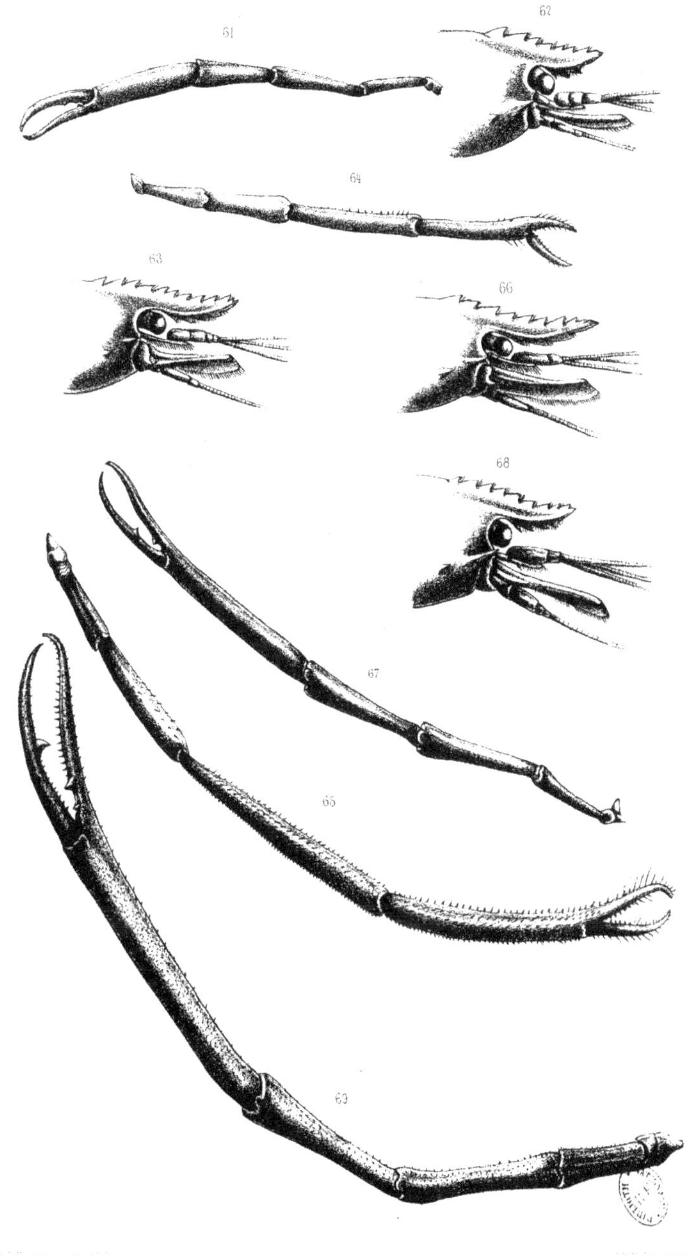

61
62
63
64
65
66
67
68
69

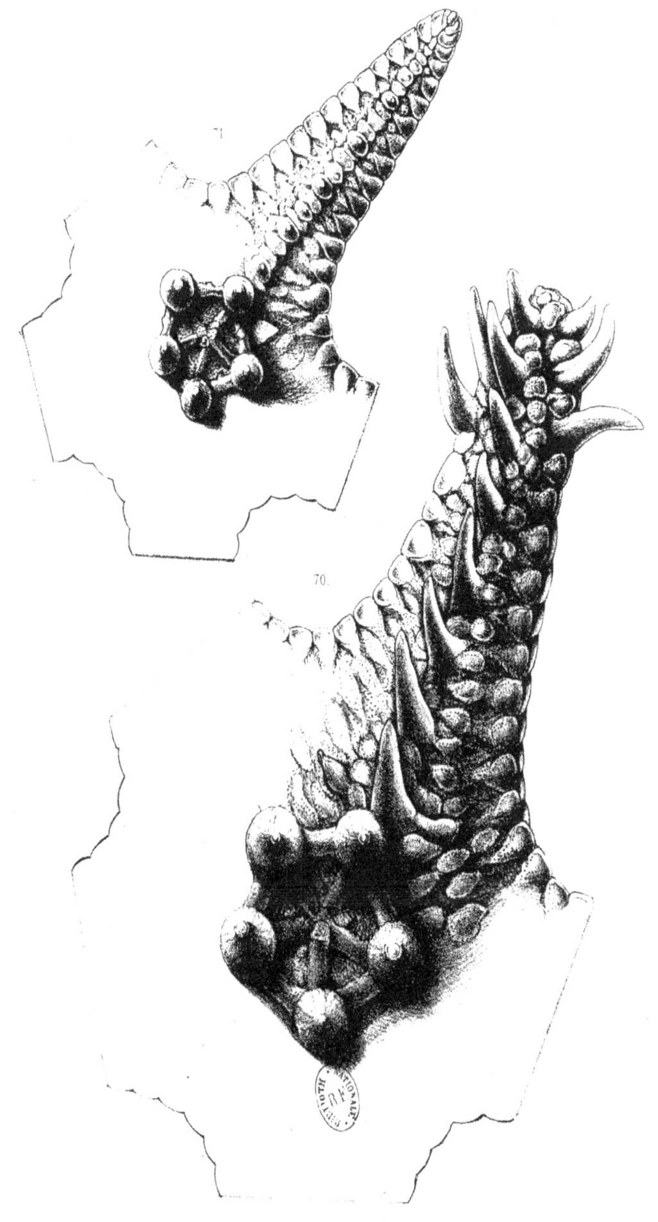

MOLLUSQUES

DE

MADAGASCAR ET DE L'ILE DE LA RÉUNION.

PAR

J. G. DE MAN.

La collection des Mollusques, recueillies à Madagascar et aux îles voisines par MM. François P. L. Pollen et D. C. van Dam, ne contient qu'un petit nombre d'espèces, principalement marines, ces voyageurs s'étant occupés surtout de faire des collections d'animaux vertébrés.

Les îles de Madagascar et des Mascareignes, et les mers qui les entourent, ont été déjà souvent explorées et étudiées par un assez grand nombre de voyageurs, dont nous nommons MM. Sganzin, Rousseau, Maillard, Krauss, von der Decken et plusieurs autres. On comprendra ainsi, que ces coquillages n'ont d'autre interêt que celui que leur prête l'exactitude des étiquettes indiquant les lieux de provenance.

Quoique ces particularités soient bien plus signifiantes pour les Mollusques terrestres et fluviatiles, elles méritent cependant pour les coquilles marines plus d'attention qu'on ne leur en accorde d'ordinaire.

Cependant cette collection renferme plusieurs variétés assez remarquables, que nous avons fait représenter.

J. G. D. M.

CATALOGUE DES COQUILLES

RECUEILLIES PAR

MM. **POLLEN** ET **VAN DAM**.

Solen corneus Lam.
Tellina staurella Lam.
Asaphis deflorata Linné.
Venus Listeri Gray.
Cytherea lineolata Sow.
Tapes Deshayesii Sow.
 // geographica Chemn.
Circe divaricata Lam.
 // pectinata Lam.
Cardium rugosum Lam.
 // unicolor Sow.
Lucina tigerina Linné.
Tridacna squamosa Lam.
Arca maculosa Reeve.
 // sp.
 // velata Sow.
Tichogonia bilocularis Linné.
Pinna nigrina Lam.
 // bicolor Chemn.
 v muricata Linné (Reeve).
Avicula macroptera Lam.
 // margaritifera Lam.
Perna isognomum Linné.
 // rudis Reeve?
Placuna sella Gmelin.

Malleus anatinus Lam.
Pecten pallium Linné.
Ostrea hyotis Chemn.
Bulla ampulla Linné.
 // striata Brug.
Atys naucum Linné.
 // cylindrica Helbl.
Scalaria monocycla Kien.
Solarium perspectivum Lam.
Haliotis nebulata Reeve.
Trochus Pharaonis Linné.
Turbo marmoratus Linné.
 // radiatus Gmelin.
 // Ticaonicus Reeve.
 // coronatus Gmelin.
 // petholatus Linné.
Phasianella aethiopica Phil.?
Natica mamilla Lam.
 // melanostoma Lam.
Nerita undata Linné.
 // polita Linné.
 // albicilla Linné.
 // Rumphii Recl.
Melania mitra Reeve.
Pirena spinosa Lam.

Cyclostoma Cuvierianum Petit.
    "   vittatum Sow.
    "   articulatum Gray.
    "   Michaudi Gratel.
    "   Sowerbyi Pf.
Helix tortilabia Less.
  " similaris Fer.
Pupa grandis Pfr.
Achatina perdix Lam.
    " panthera Fer.?
Ampullaria ampullacea Linné.
    "   sp. n?
Cerithium nobile Reeve.
    "   fasciatum Brug.
    "   asperum Brug.
    "   palustre Brug.
Fusus toreuma Reeve.
Pyrula citrina Lam.
Fasciolaria trapezium Lam.
    "   filamentosa Lam.
Turbinella cornigera Lam.
Murex ramosus Linné.
  " adustus Lam.
  " microphyllus Lam.
  " rarispina Lam.
Ranella granifera Lam.
Triton variegatum Lam.
  " pileare Lam.
  " tuberosum Lam.
Pterocera bryonia Desh.
    "   lambis Lam.
    "   scorpio Lam.
Strombus gibberulus Linné.
    "   plicatus Lam.
    "   floridus Lam.
Cassis cornuta Lam.
  " rufa Lam.
  " vibex Lam.

Harpa erinaceus Lam.
  " ventricosa Lam.
  " nobilis Lam.
  " minor Lam.
Dolium olearium Lam.
Purpura hippocastanum Lam.
    " persica Lam.
    " francolinus Lam.
Buccinum undosum Linné.
Terebra maculata Lam.
    " dimidiata Lam.
    " muscaria Lam.
    " oculata Lam.
    " monilis Quoy.
    " duplicata Lam.
Mitra ambigua Swains.
  " vulpecula Lam.
Conus lividus Brug.
  " arenatus Brug.
  " miliaris Brug.
  " hebraeus Linné.
  " tessellatus Brug.
  " betulinus Linné.
  " nemocanus Brug.
  " capitaneus Linné.
  " mutabilis Chemn.
  " quercinus Brug.
  " virgo Linné.
  " lineatus Chemn.
  " striatus Linné.
  " gubernator Brug.
  " textile Linné.
  " verriculum Reeve.
  " geographus Linné.
Ovulum ovum Sow.
  " lacteum Lam.
Cyprea tigris Linné.
  " mappa Linné.

Cyprea lynx Linné.
" vitellus Linné.
" cameleopardalis Perry.
" onyx Linné.
" limacina Lam.
" staphylaea Linné.
" erosa Linné.
" caurica Linné.
" cribaria Linné.
" cernica Sow.
" variolaria Lam.
" miliaris Linné.
" helvola Linné.
" Argus Linné.
" talpa Linné.

Cyprea carneola Linné.
" isabella Linné.
" mauritiana Linné.
" arabica Linné.
" scurra Chemn.
" caput-serpentis Linné.
" annulus Linné.
" nucleus Linné.
" oryza Lam.
" Childreni Gray.
" cicercula Gmelin.
Oliva irisans Lam.
" elegans Lam.
" tigrina Lam.

MOLLUSQUES.

ACÉPHALÉS.

Genre SOLEN Linné.
SOLEN CORNEUS Lamarck.

Lamarck, Tom. VI, p. 54. Philippi, Abbild. und Beschr. neuer Conch. tab. 2, fig. 2.

La collection contient plusieurs exemplaires, rassemblés à l'île de Nossy-Faly. Ils sont longs de 4 centimètres et sont colorés d'une couleur verte un peu grisâtre.

Genre TELLINA Linné.
TELLINA STAURELLA Lamarck.

Lamarck, Tom. VI, p. 189. Reeve, Conch. Icon. fig. 27*b*.

Huit exemplaires trouvés à l'île de Nossy-Bé. Un seul est orné de la croix rouge à la charnière, propre à cette espèce, mais les autres ne diffèrent en rien de cette coquille, ainsi que je les rapporte touts à la même espèce. Ces coquilles sont d'une teinte blanche jaunâtre à des stries d'un rouge violâtre; le nombre et la couleur plus ou moins foncée de ces stries sont assez variables.

Genre ASAPHIS Modeer.
ASAPHIS DEFLORATA Linné.

Lamarck, Tom. VI, p. 170. Chemnitz, Conch. tab. 9, fig. 82.
Un seul exemplaire de l'île de Nossy-Bé.

Longueur 63 mm., hauteur 45 mm.. épaisseur 33 mm.

Genre **VENUS** Linné.

VENUS LISTERI Gray.

Reeve, Conch. Icon. fig. 14.

Un seul exemplaire provenant de l'île de Nossy-Bé. Mr. Reeve ne figure pas les taches brunes, dont cette espèce est ornée et que l'on voit aussi chez notre exemplaire.

Hauteur 42 mm., largueur 50 mm.

Genre **CYTHEREA** Lamarck.

CYTHEREA LINEOLATA Sowerby.
Pl. I, fig. 1.

Sowerby, Thesaur. Conch. p. 786, pl. 168, fig. 214, 215.

Un seul exemplaire de la côte orientale de Madagascar.

Hauteur 23 mm., largueur 28½ mm.

Genre **TAPES** Megerle.

TAPES DESHAYESII Sowerby.

Reeve, Conch. Icon. fig. 4*b*. Philippi, Abb. und Beschr. neuer Conch. Tab. VIII, fig. 8.

Trois exemplaires provenant de la côte orientale de Madagascar. Deux ressemblent très bien à la figure citée de Mr. Reeve, mais le bord dorsal postérieur n'est pas anguleux mais passe par une courbe dans le bord ventral. Le troisième exemplaire appartient à la variété, décrite et figurée déjà par Mr. Philippi (l. c.). Touts nos exemplaires ont l'intérieur de l'extrémité postérieure de la coquille taché d'un beau violet; Mr. Reeve n'en parle pas.

Longueur 45 mm., hauteur 28 mm.

TAPES GEOGRAPHICA Chemnitz.
Pl. I, fig. 2.

Sowerby, Thes. Conch. pl. 149, fig. 90. Reeve, Conch. Icon. fig. 71.

Un seul exemplaire de la côte orientale de Madagascar. Les stries longitudinales, propres à cette espèce, n'y sont presque pas visibles.

Longueur 28 mm., hauteur 18 mm.

Genre CIRCE Schumacher.

CIRCE DIVARICATA Lamarck.

Pl. I, fig. 3.

Lamarck, Tom. VI, p. 324. Reeve, Conch. Icon. fig. 23c.

La collection ne contient qu'un seul exemplaire de cette espèce commune et variable de l'île de Nossy-Faly.

Il ressemble assez bien à la figure citée, et est orné de quelques taches grandes anguleuses violâtres sur la partie postérieure de la coquille et de quelques tachés plus petites à la partie moyenne.

Longueur 34 mm., hauteur 25 mm.

CIRCE PECTINATA Lamarck.

Lamarck, Tom. VI, p. 322. Reeve, Conch. Icon. fig. 23c.

Un exemplaire seulement de l'île de Nossy-Faly, ressemblant très bien à la figure de Reeve, outre qu'il est dépourvu de taches.

Hauteur 15 mm., longueur 22 mm.

Genre CARDIUM Linné.

CABDIUM RUGOSUM Lamarck.

Lamarck, Tom. VI, pag. 400. Chemnitz, Conch. fig. 191.

La collection contient deux exemplaires ferrugineux et de grandeur égale des côtes de l'île de Nossy-Bé et un de l'île de Nossy-Faly. Ces coquilles ont 33 côtes, dont les sept antérieures sont munies de petites écailles.

Hauteur 35 mm., longueur 32 mm., et épaisseur 21 mm.

CARDIUM UNICOLOR Sowerby.

Sowerby, Proc. Zool. Soc. 1840. Reeve, Conch. Icon. fig. 88.

Deux exemplaires de l'île de Nossy-Bé.

La figure de Mr. Reeve est très bonne; l'extérieur de nos coquilles est orné aussi de quelques taches d'un violet clair, qui sont plus foncées à l'intérieur de la coquille.

Longueur 31 mm., largueur 27 mm.

Genre LUCINA Bruguiéres.

LUCINA TIGERINA Linné.

Lamarck, Tom. VI, p. 318. Chemnitz, Conch. t. 37. fig. 390 et 391.

Nous avons reçu trois exemplaires de cette espèce de l'île de Nossy-Bé.

L'intérieur de ces coquilles est d'un jaune de beurre à bord blanc et à une teinte rouge violâtre aux deux côtés de la charnière.

Hauteur 65 mm., longueur 71 mm., épaisseur 31 mm.

Genre TRIDACNA Bruguières.

TRIDACNA SQUAMOSA Lamarck.

Lamarck, Tom. VII, p. 10. Chemnitz, Conch. fig. 1997, 1998.

Un seul exemplaire, trouvé à l'île de Nossy-Bé. Les écailles de cette coquille sont assez basses et assez nombreuses, comme à la figure citée de Chemnitz.

Hauteur 8 cm., longueur 13¹/₂ cm.

Genre ARCA Linné.

ARCA MACULOSA Reeve.
Pl. I, fig. 4.

Reeve, Conch. Icon. fig. 24.

La collection contient de nombreux exemplaires des îles de Nossy-Bé et de Nossy-Faly.

Toutes nos coquilles ont 35 à 36 côtes larges, aplaties, très rapprochées à des interstices étroits; presque toutes ces côtes sont munies de trois ou quatre sillons longitudinaux et fins près du bord de la coquille, plus longs sur les côtes antérieures et postérieures. Les taches propres à cette espèce ne sont pas toujours distinctes.

J'ai pu constater que la forme de la surface cardinale, c'est-à-dire sa largueur relative, est assez variable.

ARCA Sp.
Pl. I, fig. 5.

Cette coquille a été trouvée à l'île de Nossy-Bé.

Je ne sais pas si cette Arche a été déjà décrite; probablement bien. Elle n'est pas l'Arca antiquata Linné, aucune de ses côtes n'étant bifide; mais elle est voisine de l'Arca amygdalum Ph. et de l'Arca Deshayesii Reeve. Elle est équivalve, inaequilatérale et est ornée de 29 côtes assez étroites, élevées; ces côtes sont séparées par de profonds sillons aussi larges ou plus larges; les postérieurs sont plus larges.

Ces côtes n'ont pas des sillons longitudinaux, mais bien des rides transverses, distinctes surtout près du bord de la coquille. La surface cardinale est assez large et courte et fait distinguer cette coquille à premier aspect de l'Arca amygdalum Ph. et de l'Arca Deshayesii Reeve.

Hauteur 25 mm., longueur du bord cardinal 23 mm., largueur 35 mm.

ARCA VELATA Sowerby.
Pl. I, fig. 6.

Reeve, Conch. Icon. fig. 79.

La collection contient dix exemplaires, dont seulement un adulte de l'île de Nossy-Faly. Nous avons fait représenter une jeune coquille.

Longueur de la coquille adulte 6 centim., hauteur 35 centim.

Genre TICHOGONIA Rossmässler.
TICHOGONIA BILOCULARIS Linné.

Lamarck, Tom. VII, pag. 39. Chemnitz, fig. 736*a* et *b*.

La collection des MM. Pollen et van Dam contient neuf exemplaires de l'île de Nossy-Faly. La plupart sont d'une couleur brune olivatre foncée, une seule coquille est colorée d'un joli vert clair nuancé de rouge. L'intérieur est d'un violet plus ou moins foncé.

Longueur 46 mm., largueur 23 mm.

Genre PINNA Linné.
PINNA NIGRINA Lamarck.

Lamarck, Tom. VII, p. 66. Chenu, Manuel de Conch. fig. 821.

Un seul exemplaire de l'île de Nossy-Bé.

Le bord de cette coquille là où passe le byssus, est profondément échancré; cet exemplaire a ainsi une autre forme que celui figuré par Chemnitz, fig. 774, étant relativement plus court et plus large. Quelques séries d'écailles sont continuées jusqu'au bord de la coquille; elles manquent totalement à la partie antérieure.

Longueur $16^{1}/_{2}$ centim., largueur $12^{1}/_{2}$ centim.

PINNA BICOLOR Chemnitz.

Pinna dolabrata Lamarck, Lamarck, Tom. VII, pag. 65. Reeve, Conch. Icon. fig. 17.

La collection contient un exemplaire de l'île de Nossy-Bé. La figure de Reeve s'accorde entièrement.

Longueur totale 27 centim.

PINNA MURICATA Linné.

Lamarck, Tom. VII, pag. 64. Reeve, Conch. Icon. fig. 23.

Un seul exemplaire de l'île de Nossy-Bé.

Cette coquille ressemble très-bien à la figure dans la Conch. Icon., seulement ses côtes longitudinales ne sont pas faibles, mais sont assez distinctement développées sur la coquille entière. Les écailles petites se trouvent seulement sur la partie élargie de la coquille. — Les bords longs sont un peu concaves.

Longueur des trois bords respectivement 14, $13^1/_2$ et $7^1/_2$ centimètres.

Genre AVICULA Lamarck.

AVICULA MACROPTERA Lamarck.

Lamarck, Tom. VII, pag. 97. Reeve, Conch. Icon. fig. 2.
Un seul exemplaire de l'île de Nossy-Bé; la nacre est d'un clair rouge cuivré.
Longueur du bord cardinal 14 centim., hauteur de la coquille 14 centim.

AVICULA MARGARITIFERA Linné.

Lamarck, Tom. VII, pag. 107. Chenu, Manuel de Conch. fig. 794.
Deux exemplaires très jeunes de l'île de Nossy-Bé, dont le plus petit ressemble entièrement à la figure citée de Chenu.

Genre PERNA Bruguières.

PERNA ISOGNOMUM Linné.

Lamarck, Tom. VII, pag. 75. Chemnitz, Conch. fig. 582—584.
La collection des MM. Pollen et van Dam contient 11 exemplaires de grandeur différente, trouvés aux côtes de l'île de Nossy-Bé.

Ces coquilles sont d'une forme assez variable; la plus grande ressemble à la figure 584 de Chemnitz, mais elle a l'oreille latérale postérieure un peu plus courte; quelques autres ont la forme plus oblique, comme la figure 583 de Chemnitz. Une autre encore diffère des premières par la direction de la coquille, celle-ci étant précisément opposée à celle des autres et ressemblant à la figure 802 du Manuel de Conch. de Chenu. Il y en a une dont la surface de la coquille n'est pas aplatie, mais courbée. La plupart ont l'oreille latérale très courte.

Longueur du plus grand exemplaire 12 centim., longueur de son bord cardinal un peu plus de 7 centim.

Longueur du plus petit exemplaire 4 centim., longueur de son bord cardinal 27 mm.

PERNA RUDIS Reeve?
Pl. I, fig. 7.

Reeve, Conch. Icon. fig. .
Un exemplaire de l'île de Nossy-Bé; la forme singulière de cette coquille le rend pro-

bable qu'elle n'appartient pas à l'espèce précédente; dans ce cas-çi elle semble être voisine de la Perna rudis Reeve et de la Perna attenuata du même auteur.

Elle est colorée d'un noir foncé nuancé de violâtre; le sommet est blanc et la surface très-rude et inégale.

Genre PLACUNA Lamarck.
PLACUNA SELLA Gmelin.

Lamarck, Tom. VII, pag. 270. Chemnitz, Conch. fig. 714.

Une seule valve, celle qui porte les côtes cardinales, a été trouvée à l'île de Nossy-Bé. L'extérieur de cette coquille est coloré d'un lilas luisant et est couvert de serpules.

Longueur 17 centim., largueur un peu plus de 20 centim.

Genre MALLEUS Lamarck.
MALLEUS ANATINUS Lamarck.

Lamarck, Tom. VII, pag. 93. Chemnitz, Conch. fig. 658 et 659.

Deux exemplaires adultes, de l'île de Nossy-Bé. L'un n'est courbé que peu, l'autre dans un demi-cercle; tous les deux ont les bords latéraux très ondulés.

Genre PECTEN Bruguières.
PECTEN PALLIUM Linné.

Lamarck, Tom. VII, pag. 140. Knorr, Vergn. t. 2, pl. 21, fig. 1 et 2.

Un seul exemplaire de cette belle espèce a été trouvé à l'île de Nossy-Bé.

Longueur 49 mm., largueur 45 mm.

Genre OSTREA Linné.
OSTREA HYOTIS Chemnitz.

Lamarck, Tom. VII, p. 235. Chemnitz, Conch. fig. 685.

Quatre exemplaires recueillis à l'île de Nossy-Bé; le plus grand a une forme oblongue et n'est pourvu que d'un petit nombre d'écailles tubuleuses. Chez un autre elles manquent presque complètement et le bord ne présente que peu de plis. Chez le plus petit exemplaire les écailles tubuleuses sont fortement développées, quoique seulement à une valve.

Longueur 16 centim., largueur 12 cm.

GASTÉROPODES.

Genre BULLA Linné.

BULLA AMPULLA Linné.

Lamarck, Tom. VII, pag. 668. Martini, Conch. fig. 188 et 189.

La collection contient cinq exemplaires de l'île de Nossy-Bé, deux de Sakatia, un de Nossy-Faly et un de l'île de Réunion. Tandis que la plupart de ces coquilles sont colorées d'un rouge foncé brunâtre et ornées de taches obscures ou de deux fascies transverses assez indistinctes, la coquille de Nossy-Faly est toute blanche et nuancée partout de taches petites d'un brun violâtre.

Longueur du plus grand exemplaire 47 mm., largeur $32^1/_2$ mm.

Longueur d'un exemplaire plus jeune 33 mm., largeur 22 mm.

BULLA STRIATA Bruguières.

Pl. I, fig. 8, *a*, *b* et *c*.

Lamarck, Tom. VII, pag. 668. Martini, Conch. t. 22. fig. 202, 204.

Un exemplaire très jeune de Réunion. Longueur 11 mm., largeur $7^1/_2$ mm.

La partie inférieure de cette coquille est ornée de cinq à six stries transverses, presque parallèles; il n'y en a pas à la partie supérieure. Le fond d'une couleur de chair foncée, nuancée de beaucoup de taches blanches et quelques autres obscures.

Genre ATYS Montfort.

ATYS NAUCUM Linné.

Lamarck, Tom. VII, pag. 669. Martini, Conch. fig. 200 et 201.

Trois exemplaires de l'île de Nossy-Faly et trois de Nossy-Bé. Le dernier tour est entièrement orné de stries transverses chez les coquilles, trouvées à l'île de Nossy-Faly, mais les autres appartiennent à la variété distinguée par de Lamarck, où le milieu du dernier tour est lisse et sans stries. Toutes sont d'un blanc de lait.

Longueur d'un exemplaire entièrement strié 34 mm., largeur $24^1/_2$.

ATYS CYLINDRICA Helbling.

Chemnitz, Conch. t. 146, fig. 1356, 1357. Chenu, Manuel de Conchyl, Tom. I, fig. 2963.

Un seul exemplaire de l'île de Nossy-Bé. Couleur partout blanche. Longueur (en y comprenant la partie supérieure du bord droit) 26 mm., largeur 12 mm.

Genre SCALARIA LAMARCK.

SCALARIA MONOCYCLA KIENER.

Scalaria clathrus Linné, Sowerby, Thes. Conch. fig. 131, 132 et 134. Kiener, Coq. viv. pl. 3, fig. 9.

Un seul exemplaire de l'île de Réunion. Hauteur 16 mm., largueur 7 mm.; cette coquille est toute blanche, à neuf tours et ayant 11 côtes, dont deux près du bord de l'ouverture sont un peu épaissies. Selon M. Reeve les Scalaria clathrus Linné, lamellosa Lam. et monocycla Kiener seraient des espèces identiques.

Genre SOLARIUM LAMARCK.

SOLARIUM PERSPECTIVUM LAMARCK.

Lamarck, Tom. IX, pag. 97. Kiener, Spec. Coq. viv. pl. 1, fig. 1.

Un jeune individu de l'île de Nossy-Bé.

La zône marginale tachée de blanc et d'un rouge clair et jaunâtre, celle que l'on voit près de la suture, est tachée d'un rouge brun. Cette coquille semble être différente de celles qui ont été décrites par Mr. von Martens.

Genre HALIOTIS LINNÉ.

HALIOTIS NEBULATA, REEVE.
Pl. II, fig. 9, *a* et *b*.

Reeve, Conch. Icon. fig. 49.

Nous avons reçu treize exemplaires de cette espèce, rassemblés à l'île de Réunion et conservés à l'alcool avec les animaux mêmes. Ces coquilles ressemblent très bien à la figure de M. Reeve, et sa description s'accorde aussi; seulement six des trous sont perforés. Les taches de la surface supérieure sont très variables en grandeur, en couleur et en forme.

Longueur 49 mm., largueur 29 mm.

Genre TROCHUS LINNÉ.

TROCHUS PHARAONIS LINNÉ.

Lamarck, Tom. IX, p. 148. Kiener, Coq. viv. Genre Troque par M. Fischer, pl. 56, fig. 1a.

Trois exemplaires de l'île de Mayotte et trois de Nossy-Bé, touts appartenant à la variété figurée chez Kiener, pl. 56, fig. 1a.

Genre **TURBO** Linné.

TURBO MARMORATUS Linné.

Lamarck, Tom. IX, pag. 185. Kiener, Genre Turbo, pl. I et II.

La collection contient une très jeune coquille de l'île de Sakatia et deux adultes de Nossy-Faly. Longueur de celles-ci 17 centimètres.

La jeune coquille, haute de 6 cm., et large de 5 cm., est toute lisse; son fond d'un vert olivâtre est orné de plusieurs fascies blanches plus ou moins larges, articulées de rouge brun.

TURBO RADIATUS Gmelin.

Lamarck, Tom. IX, pag. 190. Kiener, Coq. viv. Turbo spinosus, pl. 20 et Turbo speciosus, pl. 33, fig. 1 et 2.

Neuf exemplaires d'âge inégal, rassemblés à l'île de Nossy-Bé.

La plus grande de ces coquilles est un peu plus allongée que les autres, mais n'offre pas d'autres différences: Les écailles épineuses sont relativement peu élevées, et nos objets ressemblent le plus à la figure du Turbo speciosus dans l'ouvrage de Kiener, pl. 33, fig. 1, qui est rapportée par M. Fischer au T. radiatus Gmelin.

La columelle est plus ou moins prolongée et subcanaliculée à sa base, comme cela est figuré par Kiener (pl. 20, fig. 1 et pl. 33, fig. 1). Quant aux nuances de la couleur, ces coquilles ressemblent fort bien à la figure 1, pl. 20: le fond d'un vert clair, ou d'un jaune rougeatre à des flammules foncées et violâtres. Cette espèce a été trouvée auparavant à la même île par le voyageur Rousseau.

Longueur 40 mm.

TURBO TICAONICUS Reeve,
Pl. II, fig. 10.

Reeve, Proc. Zool. Soc. 1842. Kiener, Genre Turbo par Fischer, pl. 32, fig. 2. Un seul exemplaire de l'île de Nossy-Bé.

Notre figure donne une idée de la couleur de cette coquille: le fond d'un jaune clair rougeatre est traversé par des fascies foncées d'un brun olivâtre.

Cette espèce se distingue de la précédente par ses écailles presque pas épineuses et la columelle qui n'est que très peu dilatée, mais il me semble très probable qu'on trouvera après des variétés qui réuniront ces deux espèces.

Longueur 35 mm., largueur 28 mm.

TURBO CORONATUS Gmelin.

Lamarck, Tom. IX, pag. 197. Kiener, Genre Turbo par M. Fischer, pl. 12, fig. 2.

Un exemplaire de l'île de Nossy-Bé, où cette espèce a été rassemblée auparavant par

M. Rousseau. La série basale ou troisième de tubercules au dernier tour est très rudi-mentaire, les deux autres sont bien développées.

Longueur 27 mm., largueur 30 mm.

TURBO PETHOLATUS Linné.

Lamarck, Tom. IX, pag. 192. Kiener, Coq. viv. Genre Turbo par M. Fischer, pl. 24.

La collection des MM. Pollen et van Dam contient cinq beaux exemplaires de l'île de Nossy-Faly.

Trois de ces coquilles appartiennent à la variété, figurée par M. Kiener (pl. 24, fig. 1), quant à leur forme générale et à leur couleur; la troisième en diffère par le fond beaucoup plus foncé, qui est d'un rouge violâtre. La dernière est ornée des mêmes fascies, mais le fond est d'un rouge clair brunâtre. Le dernier tour de spire n'est que très peu déprimé à sa partie supérieure.

Genre PHASIANELLA Lamarck.

PHASIANELLA AETHIOPICA, Phil.?

Pl. I, fig. 11, *a—e.*

Reeve, Conch. Icon. fig. 12.

La collection contient un grand nombre de ces petites et belles coquilles rassemblées à l'île de Réunion.

Par leur forme très-caractéristique elles ressemblent assez bien à la Phas. aethiopica Phil., du moins à la figure de cette espèce dans la Conch. Icon. La spire est très raccourcie et presque tronquée, et le dernier tour extrêmement grand; mais ces coquilles diffèrent de celles figurées par M. Reeve par la couleur du bord de l'ouverture et de la columelle, qui est blanchâtre chez touts nos exemplaires, tandis qu'elle est rosée chez la vraie aethiopica Phil. Cetté différence ne pourrait-elle pas être locale ou individuelle?

Ces coquilles sont extraordinairement variables dans leur couleur et leurs taches, que l'on peut appeler vraiment magnifiques.

Nous avons fait représenter quelques-unes des variétés principales.

Longueur 13 mm., largueur 9 mm.

Genre NATICA Bruguières.

NATICA MAMILLA Lamarck.

Lamarck, Tom. VIII pag. 630. von Martens en //Baron von der Decken's Reisen in Ost-Africa", pag. 63.

De nombreux exemplaires tant de l'île de Nossy-Bé que de Nossy-Faly, dont quelques-uns sont couverts encore de l'épiderme mince d'un rouge brun. La plupart ont l'ombilic couvert entièrement par la columelle calleuse, chez quelques autres il se présente comme une fente ouverte. J'observais chez toutes ces coquilles la trace d'un sillon faible au bord intérieur de la columelle calleuse, qui est citée aussi par Mr. von Martens (l. c).

NATICA MELANOSTOMA Lamarck.

Lamarck, Tom. VIII, pag. 631. Reeve, Conch. Icon. fig. 30*a*, *b*.

Un individu adulte et deux autres plus jeunes de l'île de Nossy-Bé; le dernier tour du premier est presque entièrement d'une couleur de chair violâtre qui se présente en des fascies assez indistinctes.

Genre NERITA Linné.

NERITA UNDATA Linné.
Pl. II, fig. 12.

Lamarck, Tom. VIII, pag. 616.

Trois objets de grandeur égale de l'île de Nossy-Faly.

Nous en avons fait représenter un, parceque la détermination restait un peu incertaine. Quant à la forme générale, ces coquilles ressemblent très bien aux figures 1950 et 1951 de Chemnitz. La spire est assez élevée; il y a trente côtes au dernier tour, séparées par des sillons profonds et très étroits (différents de ceux de la Nerita quadricolor Gmelin (Deshayes)), et articulées par des stries noires et rouges jaunâtres. L'ouverture est toute blanche, le bord droit est crénelé à l'intérieur et est muni de deux dents, dont la supérieure est plus grande que l'autre. La columelle est aplatie, et ornée de quelques stries et de quelques points élevés; son bord est armé de trois dents, dont deux sont plus fortes que la troisième.

NERITA POLITA Linné.
Pl. II, fig. 13.

Lamarck, Tom. VIII, p. 604. Chemnitz, t. 193, fig. 2002 et 2003.

Deux exemplaires de l'île de Mayotte.

L'un appartient à la variété de fig. 2002 de Chemnitz: trois fascies foncées d'un rouge violet sur un fond d'un noir cendré nuancé de blanc. Longueur 23 mm., largeur 27 mm.

Nous avons fait représenter l'autre: trois fascies d'un vert olivâtre foncé sur un fond jaune cendré; elles sont traversées par des taches blanches longitudinales, et elles sont bordées de noir près de chaque tache blanche. Longueur 25 mm., largeur 30 mm.

NERITA ALBICILLA Linné.

Lamarck, Tom. VIII, pag. 605. Chemnitz, t. 193, fig. 2000.

La collection ne contient que deux exemplaires de l'île de Nossy-Faly.

L'un et l'autre sont assez semblables; seulement les bords de l'ouverture sont jaunâtres chez le plus grand, et blancs chez l'autre.

NERITA RUMPHII Recluz.
Pl. II, fig. 14.

Reeve, Conch. Icon. fig. 62.

Deux exemplaires de cette espèce variable, trouvés à l'île de Nossy-Faly. Nous en avons fait représenter un.

Longueur 15 mm., largueur $18^1/_2$ mm.

Genre MELANIA Lamarck.

MELANIA MITRA Reeve.
Pl. I, fig. 15.

Lamarck, Tom. VIII, pag. 432. (Melania thiarella). Reeve, Conch. Icon. fig. 175.

Trois exemplaires de grandeur égale provenant de Tamanarivo.

Nous en avons fait représenter un, parce qu'ils différent un peu des coquilles figurées par Reeve. Un tour et demi sont seulement bien développés chez ces objets; les autres tours étant rudimentaires et cachés par le second. Ils ressemblent assez bien aux figures $175a$ et d de la Conchologia iconica, aussi quant à la couleur de l'ouverture; mais la couleur orangée de la columelle et du bord droit disparaît chez un de nos exemplaires.

Longueur 26 mm.

Mr. Reeve dit que cette espèce habite l'île de Sumatra.

Genre PIRENA Lamarck.

PIRENA SPINOSA Lamarck.

Lamarck, Vol. VIII, pag. 500. Reeve, Conch. Icon. Pl. II, fig. 9.

Quatre exemplaires rassemblés à Tamanarivo.

Le plus grand a huit tours, mais le sommet manque. La Pirena fluminea Reeve (Gmelin) n'en est qu'une variété, le nombre des épines étant assez variable.

Longueur jusqu'à huit centimètres.

Genre CYCLOSTOMA Lamarck.

CYCLOSTOMA CUVIERIANUM Petit.

Philippi, Abbild. und Beschr. neuer Conch. Cyclostoma, Tab. I, fig. 1.

Vingt-trois exemplaires de cette belle espèce ont été recueillis à Nossy-Mitsian par MM. Pollen et van Dam.

Nous ne pouvons rien ajouter à la description et aux bonnes figures, qui existent de cette espèce; nos coquilles ne présentent en outre rien de remarquable.

CYCLOSTOMA VITTATUM, Sowerby.
Pl. III, fig. 16.

Sowerby, Spec. Conch. fig. 91—94. Reeve, Conch. Icon. fig. 19*a*, *b*.

Un seul exemplaire a été trouvé à l'île de France. Le fond est d'un blanc impur; il y a une fascie assez large un peu au-dessous du milieu du dernier tour, puis deux stries aussi étroites et presqu'invisibles au-déssous de celle-ci. Mr. Reeve figure (l. c.) deux fascies de plus, mais le nombre de celles-ci sera bien variable.

Hauteur 25 mm., largueur 33 mm.

CYCLOSTOMA ARTICULATUM Gray.

Reeve, Conch. Icon. fig. 29.

Un seul exemplaire, pourvu de l'opercule, de l'île de Rodriguez.

Le fond est d'une couleur de lilas clair, nuancé de jaunâtre.

Hauteur 19 mm., largueur $26^{1}/_{2}$ mm.

CYCLOSTOMA MICHAUDI Grateloup.
Pl. III, fig. 17.

Reeve, Conch. Icon. fig. 10.

Un seul exemplaire de l'île de Rodriguez.

Le milieu du dernier tour est orné de deux carines presqu'aussi fortes, dont l'inférieure est un peu plus grande; au-dessus de ces carines il y en a encore trois un peu plus faibles, et au-dessous de la carine la plus forte, qui se trouve à la périphérie, il y a encore quatre très-faibles, rapprochées mutuellement deux à deux.

Distance verticale dès le sommet jusqu'au bord inférieur de l'ouverture 25 mm., largueur 23 mm.

CYCLOSTOMA SOWERBYI Pfeiffer.
Pl. III, fig. 18.

Cyclostoma megacheilus Sowerby, Thesaur. pl. 31, fig. 276. Reeve, Conch. Icon. fig. 44.

Un seul exemplaire pâli en partie, provenant de l'île de Mayotte.

Cette coquille est d'une couleur ferrugineuse et jaunâtre et ornée de plusieurs fascies circulaires; au-dessous de la périphérie du dernier tour il y a une fascie plus large ferrugineuse, entre celle-ci et l'ombilic profond on voit encore quatre ou cinq stries très-étroites. Au-dessus de la fascie qui se trouve à la périphérie, on voit cinq stries un peu élevées articulées de blanc et de ferrugineux.

Distance verticale dès le sommet jusqu'à la surface inférieure de la coquille (pas compris le bord inférieur de l'ouverture) 13 mm., hauteur de l'ouverture, en y comprenant le bord large, 11 mm., et largueur de la coquille 19 mm.

Genre HELIX Linné.
HELIX TORTILABIA Lesson.

Philippi, Abb. neuer Conch. pag. 22, tab. V, fig. 4.
La collection contient sept exemplaires, trouvés probablement à l'île de Nossy-Bé. Comme les coquilles décrites par Mr. Pfeiffer (l. c.), nos exemplaires manquent aussi les fascies brunes, qui ornent quelquefois cette espèce.

HELIX SIMILARIS Férussac.

Reeve, Conch. Icon. fig. 149.
Six exemplaires de l'île de Réunion et un de l'île de Maurice.

Genre PUPA Draparnaud.
PUPA GRANDIS Pfeiffer.

Philippi, Beschr. und Abb. neuer Conch. pag. 26, Tab. VI, fig. 4.
Un seul exemplaire de cette espèce remarquable, trouvé à l'île de Mayotte.
Longueur 45 mm., épaisseur 20 mm.

Genre ACHATINA Lamarck.
ACHATINA PERDIX Lamarck.

Lamarck, Tom. VIII, p. 294. Chemnitz, Conch. fig. 1012, 1013.
Un seul exemplaire trouvé à l'île de Nossy-Bé et long un peu plus de 15 centimètres.

ACHATINA Sp.
Pl. III, fig. 19.

Achatina panthera Férussac, Férussac pl. 126?

Un seul exemplaire trouvé près du golfe de Pasandava; il s'accorde entièrement avec la figure citée de l'Achatina panthera Férussac dans sa forme générale et dans sa couleur caractéristique, mais la columelle est toute blanche et le dernier tour est orné de plusieurs taches transverses blanchâtres, maculées d'un point transverse d'un brun violâtre.

Longueur 14 centimètres.

Genre AMPULLARIA Lamarck.

AMPULLARIA AMPULLACEA Linné.

Ampullaria fasciata Lamarck, Tom. VIII, pag. 533; Celebensis Quoy et Gaimard, Sumatrensis Philippi, magnifica Dunker.

Reeve, Conch. Icon. Ampullaria, fig. 48.

Deux exemplaires ont été recueillis à Tamanarivo.

Le plus petit est d'une couleur un peu plus claire que le plus grand; il n'y a pas de différences entre ces coquilles et celles de l'île de Célèbes, qui se trouvent à notre musée. Cependant nos coquilles me semblent être voisines de l'Ampullaria Largillierti Phil., vivant aussi à Madagascar, en les comparant à la figure de cette espèce dans la Conch. Icon.

Longueur du plus grand exemplaire 80 mm, largueur 62 mm.

Longueur de l'autre 70 mm., largueur 56 mm.

AMPULLARIA nsp?
Pl. IV, fig. 20*a* et *b*.

Nous avons reçu deux Ampullaires, trouvées avec les précédentes à Tamanarivo. Je ne peux les rapporter à une espèce déjà décrite. Ces coquilles sont voisines de l'Ampullaria lymnaeaeformis Reeve, (Conch. Icon. fig. 39) et à l'Amp. dolioides Reeve (Conch. Icon. fig. 75), mais la spire de nos coquilles est plus élevée. Elles sont d'un vert olivâtre très foncé, ornées de plusieurs stries minces encore plus foncées; la columelle est d'un blanc bleuâtre, l'intérieur de l'ouverture d'une couleur pure de chocolat, ayant le bord d'une teinte plus claire. Le sommet manque à l'une et l'autre.

Hauteur 50 mm., largueur 44 mm.; l'ouverture est haute de 34 mm., large de 27 mm.

Genre CERITHIUM Adanson.

CERITHIUM NOBILE Reeve.

Vertagus nobilis Reeve, Conch. Icon. fig. 8.

Un seul exemplaire de cette belle espèce, trouvé à l'île de Nossy-Bé.

Longueur 1 décim. La couleur d'un gris clair rougeatre à des fascies ou des stries blanchâtres, articulées, presqu'invisibles. Mr. Reeve dit que cette espèce habite les îles Philippines.

CERITHIUM FASCIATUM Bruguières.

Lamarck, Tom. IX, pag. 298. Martini, Conch. fig. 1481, 1482.

Un seul exemplaire de l'île de Nossy-Bé. Longueur 7 centim.

Les sillons longitudinaux, quoique très faibles, sont même distincts sur l'entier dernier tour; celui-ci présente dix sillons transverses distincts, l'avant-dernier en a cinq, et les autres quatre. Les tours antérieurs présentent quelques varices longitudinales, d'une teinte plus claire que le reste des tours. Des fascies transverses colorées y manquent.

CERITHIUM ASPERUM Bruguières.
Pl. IV, fig. 21.

Lamarck, Tom. IX, pag. 295. Kiener, Coq. viv. pl. 21, fig. 1.

Deux exemplaires de l'île de Nossy-Bé.

Longueur du plus grand 57 mm.; son fond d'un jaune cendré et les tours ornés de stries fines circulaires rousses. Les tours antérieurs munis de varices. Le nombre des côtes longitudinales est très grand; ils en ont plus que l'exemplaire figuré par M. Kiener.

Le canal étant aussi plus grand, nous avons fait représenter cette coquille.

CERITHIUM PALUSTRE Bruguières.

Lamarck, Tom. IX, pag. 284. Kiener, Spec. Coq. viv. pl. I.

Six exemplaires, trouvés à l'île de Nossy-Faly.

Longueur 8 centimètres. Ces coquilles sont peu variables; seulement les sillons du dernier tour sont souvent placés d'une manière différente.

Genre FUSUS Bruguières.
FUSUS TOREUMA Reeve.
Pl. IV, fig. 22.

Fusus toreuma Reeve, Conch. Icon. fig. 27. An Fusus toreuma Desh?

Un seul exemplaire de l'île de Nossy-Bé. N'ayant pas été dans l'occasion de voir l'ouvrage de Martyns, je ne sais pas si le F. toreuma Desh. soit le même que le F. toreuma Reeve; la figure de la Conch. Icon. ressemble très-bien à notre espèce; ce n'est que le canal qui est relativement plus court chez notre individu. Mr. Reeve rapporte son espèce au F. tuberculatus Lam., mais celui-ci, quoique très-voisin, est certainement une autre espèce.

Genre PYRULA Lamarck.
PYRULA CITRINA Lamarck.

Lamarck, Tom. IX, pag. 518. Kiener, Coq. viv. pl. 3, fig. 2.

La collection contient plusieurs exemplaires des îles de Nossy-Bé et de Nossy-Faly. On sait par les notices de Mr. Krauss et de M. von Martens (Baron von der Decken's Reisen in Ost-Africa) que cette espèce varie beaucoup dans sa couleur. Nos exemplaires varient aussi, quoique peu: chez les uns on observe des stries circulaires foncées assez distinctes au dernier tour, chez les autres on n'en trouve pas; tantôt le bord interne de l'ouverture est orné d'une fascie assez large d'un rouge jaunâtre, tantôt il est plus clair et taché de brun. Ce n'est qu'un seul exemplaire qui présente des tubercules assez faibles au bord du dernier tour.

Genre FASCIOLARIA Lamarck.
FASCIOLARIA TRAPEZIUM Lamarck.

Lamarck, Tom. IX, pag. 433. Martini, Conch. fig. 1298, 1299.

La collection contient 18 exemplaires de grandeur différente trouvés à l'île de Nossy-Bé et deux de l'île de Nossy-Faly. Ils ont six ou sept tubercules à chaque tour, et l'intérieur de l'ouverture est coloré d'un violet grisâtre.

FASCIOLARIA FILAMENTOSA Lamarck.

Lamarck, Tom. IX, pag. 434. Martini, Conch. 4, t. 140, fig. 1310, 1311.

Un seul exemplaire jeune de la variété, dite ferruginea de Mr. Kiener, trouvé à l'île de Sakatia.

Longueur 47 mm.

Genre TURBINELLA Lamarck.
TURBINELLA CORNIGERA Lamarck.

Lamarck, Tom. IX, pag. 380. Kiener, Coq. viv. pag. 12, pl. I.

La collection contient un exemplaire de Nossy-Bé et neuf de l'île de Nossy-Faly.

Genre MUREX Linné.

MUREX RAMOSUS Linné.

Lamarck, Tom. IX, pag. 570. (Murex inflatus Lam.). Kiener, Coq. viv. pag. 21. pl. I.

Nous avons reçu une vingtaine de beaux exemplaires de grandeur différente, des îles de Nossy-Bé et de Nossy-Faly. L'espèce est peu variable, tout au plus dans la longueur des digitations des varices.

MUREX ADUSTUS Lamarck.

Lamarck, Tom. IX, pag. 573. Kiener, Coq. viv., pl. 33, fig. 1.

La collection des MM. Pollen et van Dam contient quatre exemplaires trouvés à Nossy-Faly et un de Nossy-Bé. La columelle est d'une teinte jaune un peu orangée.

MUREX MICROPHYLLUS Lamarck.

Lamarck, Tom. IX, pag. 575. Kiener, Coq. viv. pl. 23. fig. 1.

Nous avons reçu sept exemplaires trouvés à Nossy-Faly et deux de Mayotte. L'intérieur de l'ouverture est blanc, quelquefois nuancé de bleuâtre.

MUREX RARISPINA Lamarck.

Lamarck, Tom. IX, pag. 567. Martini, Conch. fig. 1056. Kiener, Coq. viv. pl. 11, fig. 1.

Un seul exemplaire de l'île de Nossy-Faly. Deux épines du bord droit de l'ouverture sont un peu plus fortes qu'à la figure citée de Kiener.

Cette coquille ressemble parfaitement à la figure de Martini, hors qu'il y a encore deux petites épines à l'extrémité du canal.

Longueur totale 77 mm., longueur du canal 35 mm.

Genre RANELLA Lamarck.

RANELLA GRANIFERA Lamarck.

Lamarck, Tom. IX, pag. 548. Martini, Conch. fig. 1224—1227.

La collection des M.M. Pollen et van Dam contient un individu adulte de l'île de Nossy-Faly, six jeunes individus de Nossy-Bé et un jeune de l'île de Mayotte. Une des six coquilles de Nossy-Bé a la spire relativement plus courte que les autres.

Longueur du plus grand exemplaire 55 mm.

Genre **TRITON** Lamarck.

TRITON VARIEGATUM Lamarck.

Lamarck, Tom. IX, pag. 623. Kiener, Spec. Coq. viv. pl. 2.

Un seul exemplaire, un peu plus long de quatre décimètres, trouvé aux côtes de l'île de Nossy-Faly.

TRITON PILEARE Lamarck.

Lamarck, Tom. IX, pag. 630. Kiener, Coq. viv. pl. 7, fig. 1.

Deux individus à l'ouverture d'un rouge sanguin de l'île de Nossy-Bé et un de Nossy-Faly; les premiers sont couverts de l'épiderme vélue, le dernier est nu; son ouverture est d'une couleur de chair jaunâtre et l'antérieur des rameaux transversaux du dernier tour est orné de neuf tubercules assez petits: peut-être cette coquille est semblable à celles que décrit Mr. Krauss (die Sud-Afrik. Mollusken, pag. 114) et que Mr. Reeve pense appartenir à une espèce distincte.

TRITON TUBEROSUM Lamarck.

Lamarck, Tom. IX, pag. 635. Kiener, Coq. viv. pl. 14, fig. 2.

Deux exemplaires de l'île de Nossy-Bé et un de Nossy-Faly. La columelle et le bord entier de l'ouverture sont d'un blanc très pur et l'intérieur de l'ouverture est d'un rouge sanguin.

Longueur du plus grand exemplaire 47 mm.

Genre **PTEROCERA** Lamarck.

PTEROCERA BRYONIA Deshayes.

Lamarck, Tom. IX, pag. 671. Pterocera truncata Lam. Kiener, Spec. Coq. viv. pl. I.

Un exemplaire adulte de l'île de Nossy-Faly.

Longueur totale, en y comprenant les digitations, 31 centimètres.

PTEROCERA LAMBIS Lamarck.

Lamarck, Tom. IX, pag. 672. Martini, Conch., fig. 855.

Beaucoup de ces coquilles ont été rassemblées aux côtes de l'île de Nossy-Bé.

L'ouverture est d'une couleur très variable, tantôt d'une belle teinte rosée et ayant les bords plus clairs, tantôt d'un rouge orangé foncé. Toutes ces coquilles s'accordent entièrement, quant à la forme, le nombre et le développement des tubercules du dernier tour et quant à la forme et la grandeur des digitations.

PTEROCERA SCORPIO Lamarck.

Lamarck, Tom. IX, pag. 674. Kiener, Coq. viv. pl. 6.
Deux exemplaires adultes de l'île de Nossy-Faly et trois jeunes de Nossy-Bé.
Longueur 18 centimètres.
Je ne crois pas que ces coquilles appartiennent à la variété, nommé pseudoscorpio.

Genre STROMBUS Linné.

STROMBUS GIBBERULUS Linné.

Lamarck, Tom. IX, pag. 697. Kiener, Coq. viv. pl. 28, fig. 1 et pl. 33, fig. 5.
La collection des M. M. Pollen et van Dam contient un très grand nombre d'exemplaires de moyen âge et deux très jeunes; ces derniers ont précisement la forme figurée à la 5ième de la planche 33 de l'ouvrage de Kiener. Les autres s'accordent entièrement avec la figure citée (pl. 28, fig. 1) quant à leur couleur et leurs taches, mais toutes sont munies de varicosités soit sur touts les tours de la spire, soit seulement sur les antérieurs et pas sur l'avant-dernier. Les tours antérieurs ont souvent une couleur violâtre et les varicosités sont blanches ou jaunâtres.
Longueur du plus grand exemplaire 57 mm.
Longueur du plus jeune (Kiener, pl. 33, fig. 5) 31 mm.
Presque toutes ces coquilles ont été trouvées à l'île de Nossy-Bé, une seule à Mayotte.

STROMBUS PLICATUS Lamarck.

Lamarck, Tom. IX, pag. 706. Kiener, Coq. viv. pl. 31.
La collection contient quatre exemplaires de l'île de Nossy-Faly et un de Nossy-Bé.
Quant à leur forme générale, ces coquilles font le passage entre celles qui ont été figurées par M. Kiener (fig. 1 et fig. 1*b*), et que ce savant considérait respectivement comme le type et comme une variété. La couleur, quoique encore variable chez nos objets mêmes, est presque la même que celle des coquilles, figurées par Kiener: une teinte violâtre prédomine chez deux et l'intérieur de leur ouverture est d'un violet rougeatre, tandis que deux autres sont colorées d'une couleur rouge jaunâtre et ont l'ouverture d'un rouge brunâtre.

STROMBUS FLORIDUS Lamarck.

Lamarck, Tom. IX, pag. 707. Kiener, Coq. viv. pl. 32, fig. 1.

Deux exemplaires, l'un de Nossy-Bé, l'autre de Nossy-Faly.

Ils ont l'un et l'autre la même forme et la teinte égale, et ils sont un peu plus allongés que les coquilles, figurées par M. Kiener (fig. 1); ils ont le fond d'un brun jaunâtre et taché de brun et ne sont pas nuancés de violâtre. Le milieu du dernier tour est orné de quatre ou cinq stries étroites blanches et articulées d'un brun jaunâtre.

Longueur 33 mm., largueur 17 mm.

Genre **CASSIS** Bruguières.

CASSIS CORNUTA Lamarck.

Lamarck, Tom. X, pag. 20. Knorr, Vergn. 3, t. 2, f. 1.

Un jeune individu de l'île de Nossy-Bé; il n'y a encore que la série antérieure de tubercules.

Longueur 18 centimètres.

CASSIS RUFA Lamarck.

Lamarck, Tom. X, pag. 20. Kiener, Coq. viv. pl. 7, fig. 12, 13.

La collection des M. M. Pollen et van Dam contient deux exemplaires de l'île de Mayotte et trois de Nossy-Bé, touts adultes.

CASSIS VIBEX Lamarck.

Lamarck, Tom. X, pag. 38. Kiener, Coq. viv. pl. 11, fig. 20.

Deux exemplaires de l'île de Mayotte.

La plus grande de ces coquilles a touts ses tours convexes sans nodulations et est munie de quatre dents au bord droit de l'ouverture.

L'autre est munie de quelques nodulations plicifères faibles à l'avant-dernier tour et de cinq dents petites à l'ouverture.

Aucune n'est pourvue d'un baudrier au dernier tour.

Longueur de la plus grande coquille 5 centimètres.

CASSIS ERINACEUS Lamarck.

Lamarck, Tom. X, pag. 38. Martini, Conch., fig. 383, 384.

Un jeune exemplaire long de 22 mm. Ses nodulations plicifères sont extrêmement faibles, le mieux visibles au dernier tour. Cinq dents petites au bord droit de l'ouverture. Les taches sont distinctes, celles qui se trouvent à la suture du dernier tour et de la série postérieure sont d'un rouge brun, les autres d'un rouge jaunâtre.

Genre HARPA Lamarck.

HARPA VENTRICOSA Lamarck.

Lamarck, Tom. X, pag. 130. Kiener, Coq. viv. pl. 1, fig. 1.
Un seul exemplaire de l'île de Sakatia et un autre de Nossy-Faly. Ces deux coquilles ne diffèrent que par la côte qui suit à celle de l'ouverture; elle est, en rapport aux autres, beaucoup plus élargie chez la coquille de Sakatia que chez celle de Nossy-Faly. Je crois ces différences individuelles.

HARPA NOBILIS Lamarck.

Lamarck, Tom. X, pag. 132. Kiener, Coq. viv. pl. 3, fig. 5.
Un seul exemplaire de l'île de Nossy-Bé. Les taches foncées y sont quelquefois presque noires. Longueur 37 mm.; les côtes deuxième et quatrième, en commençant de celle de l'ouverture, sont égales et plus larges que les autres.

HARPA MINOR Lamarck.

Lamarck, Tom. X, pag. 133. Kiener, Coq. viv. pl. 4, fig. 6.
Un exemplaire trouvé à l'île de Nossy-Bé; longueur 50 mm.

Genre DOLIUM Lamarck.

DOLIUM OLEARIUM Lamarck.

Lamarck, Tom. X, pag. 140. Kiener, Coq. viv. pl. 1, fig. 1.
Un seul exemplaire à des taches claires et jaunâtres de l'île de Nossy-Faly.

Genre PURPURA Lamarck.

PURPURA HIPPOCASTANUM Lamarck.

Lamarck, Tom. X, pag. 64. Kiener, Coq. viv. pl. 12, fig. 33a. Purpura aculeata Regenf.
La collection contient six exemplaires de l'île de Nossy-Faly. Quant à la forme générale et le nombre des séries de tubercules, ces coquilles s'accordent entièrement à la figure citée de Kiener. Toutes sont munies de cinq dents petites au bord droit de l'in-

térieur de l'ouverture, (comparez la fig. 33), et y possèdent aussi les taches caractéris-
tiques et foncées de la fig. 33*a*, mais il n'y a qu'une seule dont l'intérieur de l'ouverture est colorée comme à la figure 33*a*; chez les autres on y voit des fascies d'un clair
rouge grisâtre, comme à la figure 33.

PURPURA PERSICA Lamarck.

Lamarck, Tom. X, pag. 59. Kiener, Coq. viv., pag. 93, fig. 67.
Nous avons reçu trois jeunes exemplaires de l'île de Réunion.

PURPURA FRANCOLINUS Lamarck.

Lamarck, Tom. X, pag. 77. Kiener, Coq. viv., pl. 41, fig. 96*a*.
Un seul exemplaire de l'île de Nossy-Bé. Longueur 41 mm.; le fond d'un brun rouge
plus foncé qu'à la figure de Kiener, les taches claires rosâtres.

Genre BUCCINUM Linné.
BUCCINUM UNDOSUM Linné.

Lamarck, Tom. IX, pag. 642. Martini, Conch. t. 123, fig. 1145 et 1146.
Nous avons reçu quatre exemplaires de l'île de Nossy-Bé, dont trois présentent plus
ou moins les plis longitudinaux, tandis que le quatrième n'en a pas; celui-ci appartient
ainsi à la variété B. de Kiener et est aussi un peu plus large que les trois autres.

Genre TEREBRA Lamarck.
TEREBRA MACULATA Lamarck.

Lamarck, Tom. X, pag. 238. Kiener, Coq. viv., pag. 4, pl. I.
La collection des MM. Pollen et van Dam contient un seul exemplaire de cette espèce
de l'île de Nossy-Bé.
Longueur 85 mm.

TEREBRA DIMIDIATA Lamarck.

Lamarck, Tom. X, p. 240. Kiener, Coq. viv., pl. 2, fig. 2.
La collection contient deux exemplaires de l'île de Nossy-Bé, dont le fond est d'une
belle couleur de chair; les taches claires et blanches ont la forme de celles de la figure 2
de l'auteur français. Longueur du plus grand exemplaire 100 mm.

TEREBRA MUSCARIA Lamarck.

Lamarck, Tom. X, pag. 241. Kiener, Coq. viv., pl. III, fig. 4.

Trois individus de l'île de Nossy-Bé.

Le fond est couleur de chair, passant souvent dans un rouge brunâtre ou jaunâtre; les taches foncées sont quadrangulaires.

Longueur du plus grand exemplaire 77 mm.

TEREBRA OCULATA, Lamarck.

Lamarck, Tom. X, pag. 242. Kiener, Coq. viv., pl. IV, fig. 7.

Un seul individu, trouvé à l'île de Nossy-Bé.

Le fond est d'une couleur de chair, passant au rouge jaunâtre entre les taches blanches. Longueur 60 mm.

C'est probablement à cette espèce qu'il faut rapporter un exemplaire peut-être jeune de Nossy-Bé, d'une couleur de chair jaunâtre, mais qui ne possède pas des taches claires. Je l'ai fait représenter pl. IV, fig. 24. Sa longueur est de 34 mm.

TEREBRA MONILIS Quoy.
Pl. IV, fig. 23.

Kiener, Spec. des Coq. viv., pl. XII, fig. 29.

Nous avons reçu 11 exemplaires de cette belle espèce, tous provenant de l'île de Nossy-Bé. Chaque tour est orné de deux stries circulaires très-distinctes au-dessous de la fascie de petits tubercules, le dernier en a trois, dont deux sont rapprochées un peu. La plupart ont le fond d'une couleur de chair, nuancée plus ou moins de jaune; chez un individu le fond est violâtre, chez un autre d'un jaune très-clair.

La longueur du plus grand exemplaire est 50 mm.

TEREBRA DUPLICATA Lamarck.

Lamarck, Tom. X, pag. 243. Kiener, Coq. viv., pl. 12, fig. 26.

La collection contient cinq exemplaires de l'île de Nossy-Bé.

Longueur du plus grand exemplaire 57 mm.

Genre MITRA Lamarck.
MITRA AMBIGUA Swainson.

Kiener, Spec. des Coq. viv., pl. VI, fig. 16.

La collection des MM. Pollen et van Dam contient un exemplaire adulte de l'île de

Nossy-Faly et trois exemplaires plus jeunes de Nossy-Bé. Le premier a le fond plus clair que les autres, et, quoiqu'il n'y ait pas des fascies distinctes blanchâtres, on voit cependant sur chaque tour une nuance un peu plus claire.

Longueur du plus grand exemplaire 64 mm.

Longueur du plus petit exemplaire 43 mm.

MITRA VULPECULA Lamarck.
Pl. V, fig. 25*a*, *b*.

Lamarck, Tom. X, p. 318. Kiener, Spec. des Coq. viv., pag. 76.

On nous a envoyé quatre exemplaires de l'île de Nossy-Faly et un de l'île de Nossy-Bé.

Ces coquilles appartiennent à une variété très remarquable quant à la manière dont elles sont colorées; quand on regarde notre figure, on consentira qu'elle s'accorde beaucoup avec la figure de la Mitra intermedia de Mr. Kiener, pl. 22, fig. 70. Je crois, malgré ça, devoir les rapporter à la vulpecula de Lamarck, parce que ces coquilles s'accordent entièrement avec des exemplaires typiques de cette espèce relativement à leur forme générale, au nombre et à la forme des côtes. La spire est aussi trop élevée, l'ouverture rétrécie trop peu et les plis de la columelle, dont l'antérieur est beaucoup plus grand que les autres, sont trop inégaux pour pouvoir rapporter ces coquilles à la Mitra intermedia Kiener. L'intérieur du bord droit de l'ouverture est strié, blanc à des taches brunes et violâtres.

Longueur du plus grand exemplaire 57 mm.

Genre CONUS Linné.
CONUS LIVIDUS Bruguières.

Lamarck, Tom. XI, pag. 30. Krauss, die Sud-Afric. Mollusken, pag. 130.

La collection des MM. Pollen et van Dam contient neuf exemplaires, touts provenant de l'île de Nossy-Bé. La plupart ont la spire élevée, deux l'ont très déprimée; aucune de ces coquilles ne possède des stries transverses de petites granulations au dernier tour.

Longueur du plus grand exemplaire 62 mm.

Largueur //   //   //   //   31 mm.

Longueur du plus petit exemplaire 30 mm.

Largueur //   //   //   //   17 mm.

CONUS ARENATUS Bruguières.

Lamarck, Tom. XI, pag. 22. Kiener, Coq. viv. pag. 38. Pl. 10, fig. 1.

Un seul exemplaire de l'île de Nossy-Bé, à spire déprimée, et orné de beaucoup de stries transverses noires à la partie inférieure.

Longueur 42 mm., largueur 23 mm.

CONUS MILIARIS Bruguières.

Lamarck, Tom. XI, pag. 29. Kiener, Coq. viv. pag. 42, Pl. XIII, fig. 1.

La collection contient un seul exemplaire de cette espèce de l'île de Nossy-Bé, qui ressemble fort bien à la figure citée de l'oeuvre de Kiener; il est couvert en partie d'une épiderme d'un jaune verdâtre, et l'intérieur de l'ouverture est coloré d'une couleur de chair et d'un violet clair.

Longueur 25 mm., largueur 17 mm.

CONUS HEBRAEUS Linné.

Conus vermiculatus Lamarck, Tom. XI, pag. 22. Conus hebraeus L. var. Kiener, Coq. viv. pag. 46.

Un seul individu nous est parvenu de l'île de Nossy-Bé. C'est d'une teinte rosée assez foncée, et c'est une variété intermédiaire entre les Conus hebraeus et Conus vermiculatus, quant aux taches dont il est orné. Ce sont seulement les taches des deux séries supérieures du dernier tour qui sont réunies et confluées, tandis qu'elles sont séparées de la série inférieure par une fascie claire sans taches; les taches de la fascie inférieure ne sont pas nombreuses, mais isolées entièrement. Spire assez élevée. Longueur 24 mm., largueur 14 mm.

CONUS TESSELLATUS Bruguières.

Lamarck, Tom. XI, pag. 39. Kiener, Coq. viv., pl. 17, fig. 1.

Nous avons reçu six exemplaires de l'île de Nossy-Bé. Les figures citées de M. Kiener s'accordent complètement à ces coquilles, les séries transverses des taches étant rapprochées entre elles au milieu et à l'extrémité inférieure. La plupart ont les taches d'un rouge orangé, chez un seul elles sont d'un rouge-violet foncé, mais il y a des coquilles à couleur intermédiaire. La spire a la même forme chez toutes ces coquilles.

Longueur du plus grand exemplaire 65 mm.

Largueur // // // // 38 mm.

Longueur du plus petit exemplaire 35 mm.

Largueur // // // // 19 mm.

CONUS BETULINUS Linné.

Lamarck, Tom. XI, pag. 67. Kiener, Coq. viv., pl. 38, fig. 1.

La collection des MM. Pollen et van Dam contient deux beaux exemplaires de l'île de Sakatia. La plus grande de ces deux coquilles est colorée d'une teinte rouge et jaunâtre assez foncée; elle a les taches foncées de la spire en petit nombre, petites et arrondies; les taches du dernier tour sont aussi petites, mais assez nombreuses. Les stries circulaires et transverses de la partie inférieure de la coquille sont nombreuses et assez fortes.

L'autre est couverte d'une épiderme mince brune et rougeatre; cette épiderme ayant été ôtée, le fond de cette coquille est plus clair que chez la première, d'un blanc jaunâtre, seulement un peu rougeatre à la base. Quant aux stries transverses de la partie inférieure du dernier tour et à la grandeur et au nombre des taches, ces deux coquilles s'accordent complètement.

Longueur de la plus grande coquille 105 mm.
Largueur // // // // // 64 mm.
Longueur de la plus petite coquille 84 mm.
Largueur // // // // // 47 mm.

CONUS NEMOCANUS Bruguières.

Lamarck, Tom. XI, pag. 91. Kiener, Coq. viv., pag. 82, Pl. 35, fig. 3.

Un seul individu trouvé aux côtes de l'île de Nossy-Bé, d'une couleur un peu plus foncée dans toutes ses nuances que sur la figure citée de M. Kiener. Le fond de l'intérieur de l'ouverture est blanc et nuancé de violet. Spire convexe.

Longueur 56 mm., largueur 31 mm.

CONUS CAPITANEUS Linné.

Lamarck, Tom. XI, pag. 48. Kiener, Coq. viv. pl. 20, fig. 1.

MM. Pollen et van Dam nous ont fait parvenir deux petits exemplaires de l'île de Nossy-Bé et un très grand de Nossy-Faly. Les premiers ont la teinte foncée brune et olivâtre; le fond de la grande coquille est d'un jaune rougeatre plus ou moins foncé, nuancé d'une teinte olivâtre. L'intérieur de l'ouverture est presque complètement blanc chez le grand exemplaire et orné de deux larges fascies bleues ou violettes chez les deux petits.

Longueur du plus grand 80 mm., largueur 47 mm.
Longueur du plus petit 40 mm., largueur 26 mm.

CONUS MUTABILIS Chemnitz?
Pl. V, fig. 26.

Kiener, Coq. viv., pl. 70, fig. 1.
Un seul individu de l'île de Nossy-Bé.
Je ne sais pas positivement si cette coquille appartienne à l'espèce nommée de Chem-

nitz ou de Kiener. Quant à la forme externe, notre coquille s'accorde avec la figure de Kiener, seulement la spire est plus déprimée, quoique ses tours soient un peu convexes, outre le dernier; celui-ci est aplati, et la spire s'élève subitement au milieu. Cette coquille a dix tours, elle est colorée d'un jaune olivâtre, la spire est ornée de taches brunes, outre sur le dernier tour où elles sont d'un jaune rougeatre et interrompues de taches blanches. Une fascie claire indistincte orne le milieu du dernier tour et est bordée en haut d'une série de taches brunes assez grandes; le fond de la coquille est couvert d'un très grand nombre de linéoles extrêmement fines, ondulées et changées souvent en de petits points et d'une couleur rouge jaunâtre. — La partie inférieure du dernier tour est orné de quelques stries circulaires et élevées. L'intérieur de l'ouverture est d'un violet bleuâtre, à bord d'un jaune sale.

Longueur 37 mm., largeur 22 mm.

CONUS QUERCINUS Bruguières.

Lamarck, Tom. XI, pag. 69. Kiener, Coq. viv., pl. 32, fig. 1.
La collection contient un seul exemplaire de cette espèce de l'île de Nossy-Bé. Longueur 45 mm., largeur 26 mm.

CONUS VIRGO Linné.

Lamarck, Tom. XI, pag. 46. Kiener, Coq. viv., pl. 36, fig. 1.
Quatre exemplaires de l'île de Nossy-Bé, dont le plus grand est presque complètement blanc, tandis que les autres sont d'une couleur jaune et rougeatre plus ou moins foncée. L'extrémité inférieure est décorée d'un beau violet chez toutes ces coquilles.

Longueur du plus grand exemplaire 76 mm., largeur 38 mm.
Longueur du plus petit exemplaire 60 mm., largeur 30 mm.

CONUS LINEATUS Chemnitz.

Lamarck, Tom. XI, pag. 42. Kiener, Coq. viv., pl. 18, fig. 4.
La collection des MM. Pollen et van Dam contient trois exemplaires, provenant de l'île de Nossy-Bé. Ils appartiennent touts à la même variété, à celle où le fond blanc de la coquille ne se présente que dans une fascie marbrée un peu au-dessous du milieu et dans une série de taches ou dans une fascie irrégulière et marbrée à la partie supérieure du dernier tour. Les stries transverses foncées sont très distinctes, comme aussi les granulations à la base de la coquille.

Longueur 34 mm., largeur 17 mm.

CONUS STRIATUS Linné.

Lamarck, Tom. XI, pag. 99.

Deux exemplaires de l'île de Nossy-Bé. Les taches claires du plus grand exemplaire sont d'un lilas violâtre, tandis que les taches foncées sont presque noires et souvent bordées de blanc. L'autre est couvert en partie par l'épiderme.

Longueur du plus grand 70 mm., largueur 31 mm.

CONUS GUBERNATOR Bruguières.

Lamarck, Tom. XI, pag. 100. Kiener, Coq. viv. pl. 48, fig. 1 et 1*a*.

La collection des **MM.** Pollen et van Dam contient 31 exemplaires, dont un adulte de l'île de Nossy-Faly est pourvu de l'épiderme, et les autres plus jeunes proviennent de Nossy-Bé. On pourrait ranger ces dernières en trois groupes: chez les coquilles du premier groupe le fond blanc est orné de violet clair et les taches foncées sont d'un violet foncé ou noirâtre; chez celles du deuxième le fond a les mêmes couleurs, mais les taches foncées sont d'un brun rougeatre ou cannelle, tandis que les coquilles de la troisième variété sont intermédiaires entre celles des deux groupes précédents. Je veux remarquer qu'on observe sur beaucoup de ces coquilles des linéoles fines d'un brun rougeatre ou des séries de petits points de la même couleur, ainsi qu'elles semblent se rapprocher du Conus magus Linné; mais je trouve tous les passages du manque total de ces linéoles jusqu'à ces coquilles où elles sont assez distinctes. La spire a ses tours fortement canaliculés et les sillons profonds à la base de la coquille pourront faire distinguer ces mollusques du Conus magus Linné.

Nous avons fait représenter une variété pas rare du deuxième groupe, où l'on voit deux fascies très distinctes d'une couleur cannelle sur le dernier tour.

Longueur du plus grand exemplaire 70 mm., largueur 30 mm.

Longueur du plus petit exemplaire 38 mm., largueur 16 mm.

La collection des **MM.** Pollen et van Dam contient un grand nombre de cônes appartenant au groupe du Conus textile Linné, au groupe des textilées de M. Kiener et plus spécialement à ces espèces, où le fond d'un rouge brun, caché par un nombre plus ou moins grand de taches blanches triangulaires, est orné de stries noires longitudinales épaisses et de stries transversales minces. Je crois pouvoir distinguer trois espèces, c'est-à-dire le Conus textile Linné, le Conus pyramidalis Lamarck et le Conus verriculum Reeve, quoique les deux premiers soient assez difficiles à distinguer; c'est pourquoi que je vais décrire ceux-ci sous le même nom.

CONUS TEXTILE Linné.

Lamarck, Tom. XI, pag. 123. Kiener, Coq. viv. pl. 90.

Ces coquilles ont été trouvées aux îles de Nossy-Bé, de Nossy-Faly et de Mayotte. Le seul exemplaire de l'île de Mayotte est un vrai Conus textile Linné; parmi les neuf exemplaires de l'île de Nossy-Faly six appartiennent sans doute au Conus textile Linné, mais les trois autres ont une forme différente; j'en ai fait représenter un (Planche V, fig. 28): ils sont plus allongés, fusiformes et s'accordent précisement avec la figure 2*a* de la planche 9*b* de l'ouvrage de Kiener, où cet auteur a représenté une variété du Conus pyramidalis Lamarck.

Les 35 exemplaires de l'île de Nossy-Bé ont presque touts la forme allongée et fusiforme à spire élevée des trois cônes déjà nommés de Nossy-Faly, tandis que seulement six ou sept appartiennent au Conus textile Linné. Un de ces premiers, que j'ai fait représenter pl. V, fig. 28, a aussi presque la même distribution des taches et des linéoles qu'à la figure 2*a*, planche 96, de Kiener, tandis qu'un autre, représenté à la même planche, s'accorde presque complètement avec la figure 1*a*, pl. 85 de l'auteur francais: le fond d'un rouge brun n'est plus visible que dans une très petite tache, toute la coquille étant couverte de taches triangulaires plus ou moins grandes, dont les plus petites se rangent en deux fascies assez distinctes. Je conclus ainsi ou que toutes ces coquilles appartiennent au Conus textile Linné, que cette espèce est très variable (ce qu'on savait déjà) et qu'il faut distinguer les exemplaires plus allongés comme variété, ou que ceux-ci appartiennent à une variété du Conus pyramidalis Lam. Dans ce cas-ci je propose de réunir dorénavant les Conus pyramidalis Lam. et Conus textile Linné.

C'est à remarquer cependant que ces coquilles allongées ressemblent aussi un peu au Conus canonicus Brug. quant à leur forme générale, mais l'intérieur de leur ouverture n'y est jamais rosé.

Longueur du plus grand cône de Nossy-Faly, d'un vrai Conus textile Linné, 64 mm., largueur 30 mm.

Longueur du cône de Nossy-Faly, représenté pl. V, fig. 28, 49 mm., sa largueur 19 mm.

CONUS VERRICULUM Reeve.
Pl. V, fig. 29.

Kiener, Coq. viv. pl. 95, fig. 2.

Un seul exemplaire trouvé aux côtes de l'île de Nossy-Faly. Longueur 47 mm., largueur 23 mm. La spire y est plus élevée que chez le Conus textile Linné. Quoique cette coquille ait une forme très différente de celle des cônes allongées de l'espèce précédente, elle pourrait malgré ça être regardée comme une variété un peu plus élargée du Conus textile Linné; ses taches triangulaires sont cependant plus grandes.

CONUS GEOGRAPHUS Linné.

Lamarck, Tom. XI, pag. 27. Kiener, Coq. viv. pl. 12, fig. 1.
Un seul individu de l'île de Sakatia.
Longueur 77 mm., largueur 33 mm.

Genre OVULUM Bruguières.
OVULUM OVUM Sowerby.

Lamarck, Tom. X, pag. 467. Kiener, Coq. viv. pl. I.
La collection contient trois exemplaires de l'île de Sakatia et deux de Nossy-Bé.

OVULUM LACTEUM Lamarck.

Lamarck, Tom. X, pag. 469. Kiener, Coq. viv. pl. 6, fig. 1.
Un seul individu de l'île de Réunion.
Longueur $12^{1}/_{2}$ mm., largueur $7^{3}/_{4}$ mm.

Genre CYPRAEA Linné.
CYPRAEA TIGRIS Linné.

Lamarck, Tom. X, pag. 502. Kiener, Coq. viv. pl. 45 et 46, fig. 1.
La collection des MM. Pollen et van Dam contient de nombreux exemplaires des îles de Nossy-Bé, de Nossy-Faly et de Mayotte.

CYPRAEA MAPPA Linné.

Lamarck, Tom. X, pag. 494. Kiener, Coq. viv. pl. 20, fig. 2.
Deux exemplaires de Nossy-Faly, deux de l'île de Sakatia et un de l'île de France.
Toutes ces coquilles appartiennent à la variété, distinguée par M. Kiener; c'est surtout la coquille trouvée à l'île de France, qui est d'une couleur très foncée; toutes ont la surface inférieure plus ou moins violâtre et l'ouverture d'un rouge orangé.

CYPRAEA LYNX Linné.

Lamarck, Tom. X, pag. 513. Kiener, Spec. Coq. viv. pl. 25, fig. 2.

La collection contient un grand nombre d'exemplaires des îles de Nossy-Bé, de Nossy-Faly et de Mayotte. Ces coquilles sont très variables dans la couleur; les unes sont nuancées de violet, les autres ont le fond plus d'un brun jaunâtre; un individu très jeune était orné de trois fascies obscures transversales.

CYPRAEA VITELLUS Linné.

Lamarck, Tom. X, pag. 507. Kiener, Coq. viv. pl. 19, fig. 1.
Nous avons reçu beaucoup de ces coquilles des îles de Nossy-Bé, de Nossy-Faly, de Mayotte et de Sakatıa. Le fond de leur couleur est assez variable, mais le nombre des taches etc. varie peu.
Longueur jusqu'à 75 mm.

CYPRAEA CAMELEOPARDALIS Perry.

Lamarck, Tom. X, pag. 546. Kiener, Spec. Coq. viv. pl. 24.
Un seul exemplaire de l'île de Nossy-Bé.
Longueur 42 m̓m.; le fond violet de la columelle a disparu, la surface supérieure est ornée de quatre fascies, dont deux moyennes sont très étroites et très rapprochées. Les taches sont blanches, nuancées très souvent d'une teinte claire violâtre.

CYPRAEA ONYX Linné.

Lamarck, Tom. X, pag. 514. Kiener, Coq. viv., pl. 44, fig. 1c.
Deux individus très jeunes de l'île de Réunion.
Nous avons fait représenter la plus grande de ces coquilles (pl. IV, fig. 30). La surface supérieure a le fond d'un gris clair violâtre; on voit une fascie brune et claire au milieu, et une sur la partie antérieure du dernier tour, beaucoup plus claire que la première. La spire n'est pas encore couverte; le côté droit de la surface inférieure est d'un blanc impur, et le côté gauche est coloré de la même manière que la surface supérieure; il y a une fascie brune et jaunâtre au côté droit, et une autre plus claire au côté gauche. L'intérieur de l'ouverture est violâtre.

CYPRAEA LIMACINA Lamarck.

Lamarck, Tom. X, pag. 536. Kiener, Spec. Coq. viv., pl. 35, fig. 1.
Un seul exemplaire de l'île de Réunion. — C'est une coquille encore jeune, la partie supérieure de sa surface dorsale est lisse et les petits points saillants ne se trouvent qu'aux côtés latéraux; la surface supérieure est d'un gris clair, la surface inférieure

presque blanche; les bourrelets sont colorés d'une couleur orangée claire, qui est plus foncée aux extrémités.

Longueur $10^1/_2$ mm., largeur $8^3/_4$ mm.

CYPRAEA STAPHYLAEA Linné.

Lamarck, Tom. X, pag. 534. Kiener, Coq. viv. pl. 36, fig. 2.
Un seul exemplaire de l'île de Réunion.

La surface dorsale est d'un gris clair violâtre, nuancé au milieu d'une teinte brunâtre; les petits points saillants très rapprochés et épars partout, mais plus grands aux côtés qu'au milieu. La surface inférieure d'un rouge jaunâtre. Les extrémités de la coquille d'un orangé foncé. Cette espèce se distingue de la précédente, outre par une forme très différente, encore par les sillons fins de la surface inférieure, qui se répandent sur la surface entière et dont la plupart, surtout ceux de la columelle, sont ramifiés.

Longueur 9 mm., largeur $8^1/_2$ mm.

CYPRAEA EROSA Linné.

Lamarck, Tom. X, pag. 515. Kiener, Coq. viv. pl. 9, fig. 2.
Un grand nombre de ces coquilles ont été rassemblées, la plupart à l'île de Nossy-Bé, quatre à l'île de Nossy-Faly, deux à Mayotte et une à l'île de Sakatia.

La forme extérieure de ces coquilles est très variable: deux de Nossy-Bé de longueur égale, sont d'une largeur très différente. Les jeunes individus ont le fond de la couleur d'un vert olivâtre très foncé, les adultes l'ont d'une couleur de chair rouge et jaunâtre. Les ocelles foncées sont plus distinctes chez la coquille de Sakatia que chez les autres.

Longueur d'une coquille de Nossy-Bé 36 mm., largeur $23^1/_2$ mm.
Longueur d'une autre coquille de Nossy-Bé 36 mm., largeur 19 mm.

CYPRAEA CAURICA Linné.
Pl. VI, fig. 31.

Lamarck, Tom. X, pag. 516. Cypraea dracaena Born. Martini, Conch. pl. 28, fig. 292, 293.
Un très grand nombre de ces coquilles se trouve dans la collection des MM. Pollen et van Dam, la plupart de l'île de Nossy-Faly, quelques unes de Nossy-Bé, et deux de Mayotte.

Toutes ces coquilles sans exception appartiennent à la variété, que Born croyait être une espèce distincte et qu'il nommait Cypraea dracaena; elle se distingue par le manque des bourrelets, qui sont très développés chez le type; toute la coquille a ainsi une forme plus allongée et étroite. Nous en avons fait représenter une (pl. VI, fig. 31).

La surface dorsale a une couleur peu variable, les côtés sont d'une couleur de chair souvent plus ou moins foncée, et ornés de beaucoup de taches obscures.

CYPRAEA CRIBRARIA Linné.

Lamarck, Tom. X, pag. 519. Kiener, Coq. viv. pl. 29, fig. 1.

Un seul exemplaire de l'île de Réunion.

La surface inférieure est entièrement blanche, ornée de quelques taches petites brunes jaunâtres près du côté droit.

Longueur 15 mm.

CYPRAEA CERNICA Sowerby.

Pl. VI, fig. 32.

Sowerby, Thesaur. Conch. pag. 38, fig. 238—240.

Un seul exemplaire, trouvé à l'île de Réunion.

Sowerby dit que cette espèce se trouve aussi à l'île de France. La surface dorsale très-élevée de cette coquille est d'un orangé jaunâtre et parsemée de taches arrondies blanches grandes et petites; les côtés sont ornés de quelques points d'un rouge brunâtre et la surface inférieure est toute blanche.

Longueur 19 mm., largueur $12^{1}/_{2}$ mm.

CYPRAEA VARIOLARIA Lamarck.

Lamarck, Tom. X, pag. 511. Kiener, pl. 37, fig. 2.

Un seul exémplaire, trouvé à l'île de Mayotte. Il est assez allongé, les sillons entre les denticulations transverses de la surface inférieure sont d'un beau rouge jaunâtre, et les taches des bourrelets d'un violet assez foncé.

Longueur 35 mm., largueur 20 mm.

CYPRAEA MILIARIS-Linné.

Lamarck, Tom. X, pag. 511. Kiener, Spec. Coq. viv. pl. XXX, fig. 2.

La collection des MM. Pollen et van Dam contient deux exemplaires de l'île de Sakatia. Cette espèce a été trouvée par Mr. Krauss aux rivages du golfe de Natal.

Longueur 35 mm., largueur $21^{1}/_{2}$ mm.

CYPRAEA HELVOLA Linné.

Lamarck, Tom. X, pag. 533. Kiener, Coq. viv. pl. 28, fig. 1.
Un seul exemplaire de l'île de Réunion et trois de l'île de Nossy-Faly.

CYPRAEA ARGUS Linné.

Lamarck, Tom. X, pag. 490. Kiener, pl. 37 et 38, fig. 1.
La collection contient plusieurs exemplaires, de l'île de Sakatia et de Nossy-Mitsian. Les taches au côté droit de l'ouverture souvent plus claires que celles du côté gauche.

CYPRAEA TALPA Linné.

Lamarck, Tom. X, pag. 504. Kiener, pl. XII, fig. 2.
Plusieurs exemplaires de l'île de Nossy-Faly, deux de Sakatia et un de Mayotte. Ces coquilles sont peu variables; les fascies moyennes peuvent être plus ou moins foncées.
Longueur 77 mm., largueur 37 mm.

CYPRAEA CARNEOLA Linné.

Lamarck, Tom. X, pag. 505. Kiener, Spec. coq. viv. pl. 37, fig. 3.
Nous avons reçu un grand nombre d'exemplaires des îles de Nossy-Bé, de Nossy-Faly, de Mayotte, de Sakatia et de Réunion.
La coquille qui a été trouvée à Réunion diffère de toutes les autres par sa couleur; le fond de la surface dorsale est jaune, et les quatre fascies transverses d'un rouge jaunâtre; la surface inférieure est blanche.
Longueur du plus grand exemplaire 44 mm.

CYPRAEA ISABELLA Linné.

Lamarck, Tom. X, pag. 518. Kiener, pl. 48, fig. 3.
Un petit nombre d'exemplaires de Nossy-Bé, de Nossy-Faly, de Mayotte, de Sakatia et de Réunion. Les uns ornés de linéoles longitudinales noirâtres interrompues, les autres sans elles; le fond est tantôt un jaune grisâtre, tantôt une couleur de chair rouge, tantôt un rouge jaunâtre. Nous considérons comme une variété deux jeunes exemplaires de Réunion, qui sont entièrement blancs et dépourvus de taches, tandis qu'un seul a une extrémité encore un peu orangée.

CYPRAEA MAURITIANA Linné.

Lamarck, Tom. X, pag. 492. Kiener, Spec. Coq. viv. pl. 39 et 40, fig. 1.
La collection contient sept exemplaires adultes de l'île de Réunion.

CYPRAEA ARABICA Linné.

Lamarck, Tom. X, pag. 495. Kiener, Coq. viv. pl. 17.
La collection contient plusieurs exemplaires de l'île de Nossy-Bé, un de l'île de Nossy-Faly, trois de Mayotte et un de l'île de Sakatia.

Presque toutes ces coquilles appartiennent à la variété, figurée par M. Kiener à sa planche 17, fig. 1; ce n'est que l'individu trouvé à Sakatia qui appartient à la variété figurée fig. 2 de la même planche: les taches claires y sont grandes et anguleuses et ne sont séparées que par des stries étroites et foncées.

Longueur jusqu'à 8 centimètres.

CYPRAEA SCURRA Chemnitz.

Lamarck, Tom. X, pag. 497. Kiener, Coq. viv. pl. V, fig. 2.
La collection contient six exemplaires de l'île de Nossy-Faly; les surfaces dorsale et ventrale de ces coquilles ont le fond d'une couleur plus ou moins foncée.

Longueur jusqu'à 44 mm., largueur 22 mm.

CYPRAEA CAPUT-SERPENTIS Linné.

Lamarck, Tom. X, pag. 508. Kiener, Coq. viv. pl. 49, fig. 1.
Un exemplaire adulte de l'île de Sakatia et un autre jeune, trouvé à l'île de Réunion.
Longueur du premier 33 mm., largueur 25 mm.

CYPRAEA ANNULUS Linné.

Lamarck, Tom. X, pag. 539. Kiener, Coq. viv. pl. 34, fig. 2.
Nous avons reçu un petit nombre d'exemplaires de l'île de Nossy-Bé, de Nossy-Faly et un de Mayotte. La partie de la surface dorsale, qui est bordée par l'anneau jaune, est colorée d'une teinte plus au moins foncée.

CYPRAEA NUCLEUS Linné.

Lamarck, Tom. X, pag. 536. Kiener, Coq. viv. pl. 3, fig. 2.

La collection contient six exemplaires de l'île de Réunion, dont la couleur est assez variable : jaune clair, blanchâtre ou violâtre.

Longueur 23 mm., largueur 14 mm.

CYPRAEA ORYZA Lamarck.

Lamarck, Tom. X, pag. 543. Kiener, Coq. viv. pl. 52, fig. 2.
Plusieurs exemplaires, touts de l'île de Réunion.

CYPRAEA CHILDRENI Gray.

Lamarck, Tom. X, pag. 566. Kiener, Coq. viv. pl. 40, fig. 3.
Un seul individu de l'île de Réunion.

Longueur 23 mm., largueur 15 mm.

CYPRAEA CICERCULA Gmelin.

Cypraea cicercula Lin. et globulus Linné, Lamarck, Tom. X, pag. 530 et 532. Kiener, pag. 156, pl. 50, fig. 3.

Nous avons reçu un très grand nombre d'exemplaires de cette espèce trouvés à l'île de Réunion, appartenant les uns à la Cypraea cicercula, des autres à la C. globulus, Linné, tandis que plusieurs sont intermédiaires entre ces deux espèces et font le passage de l'une à l'autre. Je vois disparaître graduellement la ligne dorsale, par la quelle ces deux espèces se distingueraient; de la même manière les granulations de la surface dorsale s'y trouvent dans un nombre très variable ou manquent totalement. Les grands exemplaires sont cependant souvent d'une teinte plus claire, les petits d'une couleur plus foncée et à des points plus distinctes; mais cette couleur est aussi variable. C'est pourquoi que j'ai réuni ces deux espèces.

Longueur d'un grand exemplaire à ligne dorsale et à des granulations nombreuses 20 mm, largueur 12 mm.

Longueur d'un grand exemplaire presque lisse et sans ligne dorsale 18 mm., largueur 10 mm.

Genre OLIVA Bruguières.

OLIVA IRISANS Lamarck.
Pl. VI, fig. 33.

Lamarck, Tom. X, pag. 610.
Un seul exemplaire de l'île de Nossy-Bé. Longueur 65 mm., largueur 27 mm. L'in-

térieur de l'ouverture est d'un violet clair; la spire est ornée de stries obliques et fonçées.

Cette espèce semble être très-voisine de l'Oliva tremulina Lam.; Lamarck dit que l'Oliva tremulina a des lignes longitudinales plus séparées et jamais nuées de jaune, ce qu'on ne voit pas chez l'individu que nous avons reçu. Les stries fonçées et longitudinales, qui courent distinctement en zigzag chez de jeunes individus, sont rapprochées les unes des autres chez notre coquille; elles ont souvent l'air de taches et elles sont nuées par un rouge clair et jaunâtre.

OLIVA ELEGANS Lamarck.

Pl. VI, fig. 34*a* et *b*.

Lamarck, Tom. X, pag. 611.

La collection des MM. Pollen et van Dam contient cinq exemplaires trouvés à l'île de Nossy-Bé, un de l'île de Sakatia et treize de l'île de Mayotte.

La coquille de l'île de Sakatia est la plus grande de toutes, ayant 45 mm. de longueur et 21 mm. de largueur.

La spire est plus ou moins élevée ou déprimée; le fond des coquilles est peu variable, mais les stries angulaires, qui caractérisent cette espèce, se présentent chez nos coquilles comme de petites taches et ne sont que rarement angulaires. L'intérieur de l'ouverture est d'un violet clair et le bord droit est blanc ou d'un brun foncé.

OLIVA TIGRINA Lamarck.

Lamarck, Tom. X, pag. 623. Reeve, Conch. Icon. fig. 21*b*.

Trois exemplaires de l'île de Nossy-Bé, touts étant de la variété foncée, dont Reeve donne une figure très exacte.

EXPLICATION DES PLANCHES.

PLANCHE I.

F   1. Cytherea lineolata Sow.
Fig. 2. Tapes geographica Chemn.
Fig. 3. Circe divaricata Lam.
Fig. 4. Arca maculosa Reeve.
Fig. 5. Arca sp.

Fig. 6. Arca velata Sow. jeune.
Fig. 7. Perna rudis Reeve?
Fig. 8. Bulla striata Brug? *a* grandeur naturelle, *b* et *c* agrandis.

PLANCHE II.

Fig. 9*a* et *b*. Haliotis nebulata Reeve.
Fig. 11. Phasianella aethiopica Phil? *a—e*, cinq variétés à grandeur naturelle et agrandie.

Fig. 16. Cyclostoma vittatum Sow.
Fig. 17. Cyclostoma Michaudi Gratel.

PLANCHE III.

Fig. 10. Turbo Ticaonicus Reeve.
Fig. 12. Nerita undata Linné.
Fig. 13. Nerita polita Linné.
Fig. 14. Nerita Rumphii Recl.

Fig. 15. Melania mitra Reeve.
Fig. 18. Cyclostoma Sowerbyi Pfr.
Fig. 19. Achatina panthera Fer?

PLANCHE IV.

Fig. 20. Ampullaria nsp? *a*, *b* deux variétés.
Fig. 21. Cerithium asperum Brug.
Fig. 22. Fusus toreuma Reeve.

Fig. 23. Terebra monilis Quoy.
Fig. 24. Terebra oculata Lam.

PLANCHE V.

Fig. 25*a* et *b*. Mitra vulpecula Lam.
Fig. 26. Conus mutabilis Chemn.

Fig. 27. Conus gubernator Brug.
Fig. 28. Conus textile Linné, *a*, *b* et *c* trois variétés.

PLANCHE VI.

Fig. 29. Conus verriculum Reeve.
Fig. 30. Cypraea onyx Linné.
Fig. 31. Cypraea caurica Linné.

Fig. 32. Cypraea cernica Sow.
Fig. 33. Oliva irisans Lam.
Fig. 34. Oliva elegans Lam., *a* et *b*, deux variétés.

ERRATA.

Pag. 13. Turbo Ticaonicus Reeve, figuré
Pl. III, fig. 10.

Pag. 14. Phasianella aethiopica Phil? figuré
Pl. II, fig. 11 *a—e.*

Pag. 15. Nerita undata Linné, figuré
Pl. III, fig. 12.

Pag. 15. Nerita polita Linné, figuré
Pl. III, fig. 13.

Pag. 16. Nerita Rumphii Recl., figuré
Pl. III, fig. 14.

Pag. 16. Melania mitra Reeve, figuré
Pl. III, fig. 15.

Pag. 17. Cyclostoma vittatum Sow., figuré
Pl. II, fig. 16.

Pag. 17. Cyclostoma Michaudi Gratel., figuré
Pl. II, fig. 17.

Pag. 34. Conus verriculum Reeve, figuré
Pl. VI, fig. 29.

Pag. 36. Cypraea onyx Linné, figuré
Pl. VI, fig. 30.

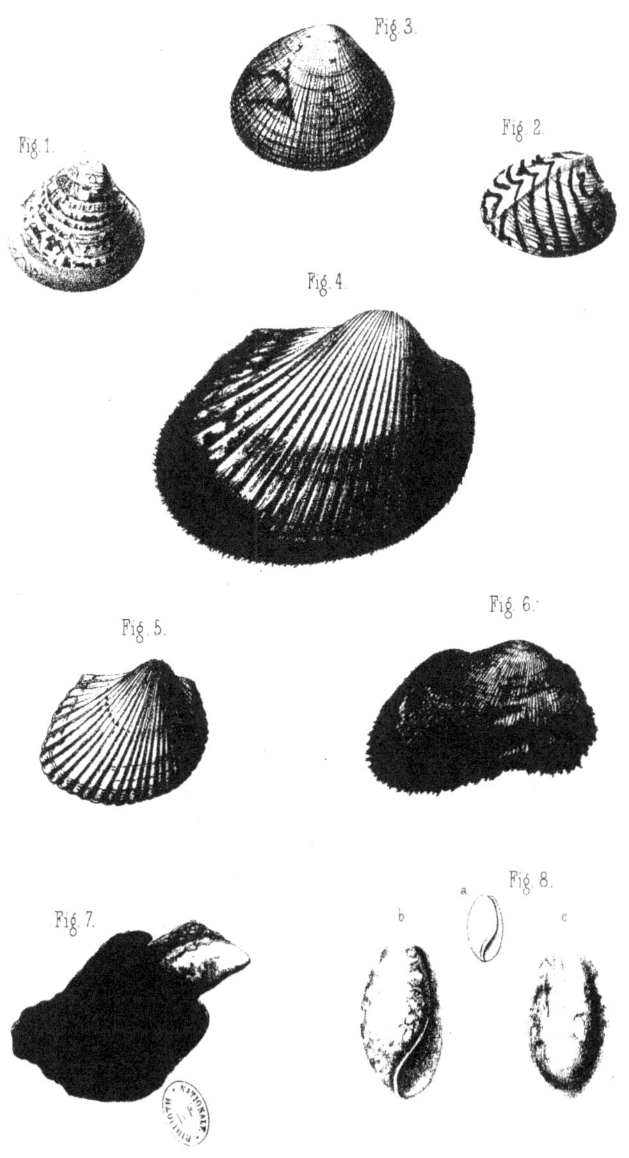
Fig. 3.
Fig. 1.
Fig. 2.
Fig. 4.
Fig. 5.
Fig. 6.
Fig. 7.
Fig. 8.
a
b
c

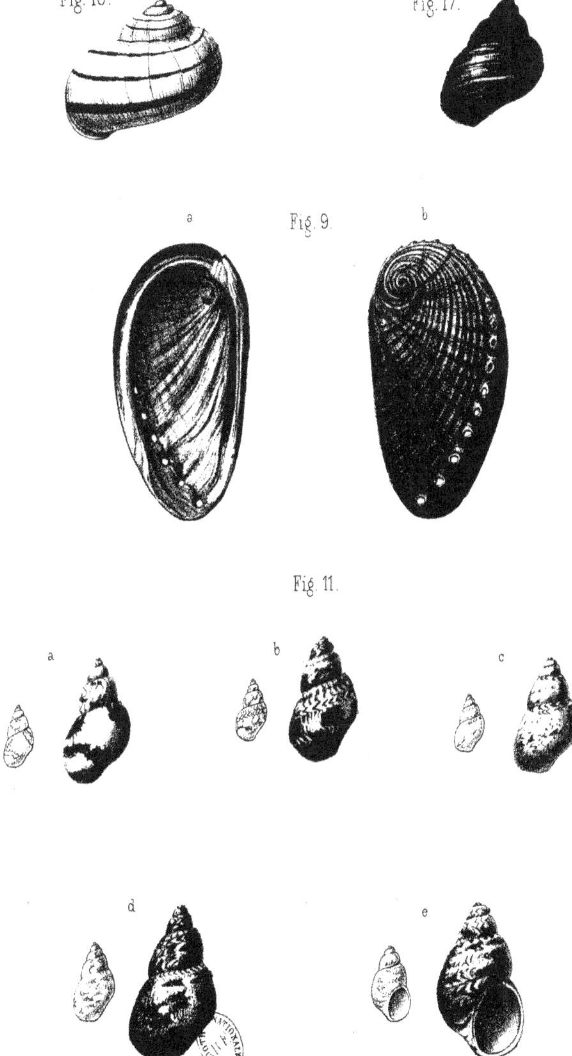
Fig. 16.
Fig. 17.
a   Fig. 9.   b
Fig. 11.
a   b   c
d   e

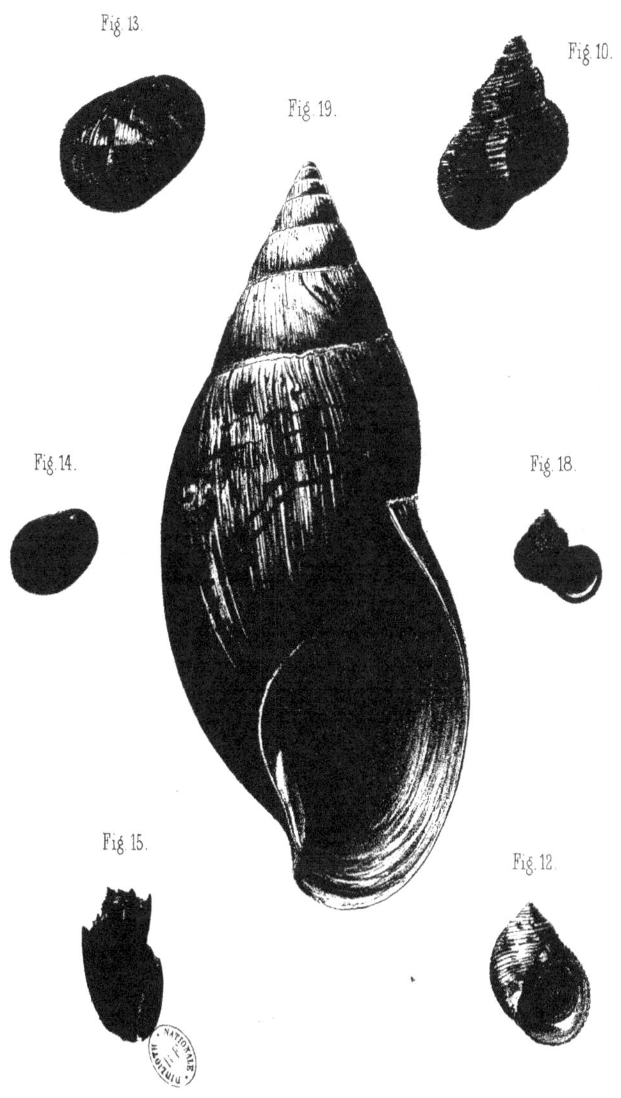
Fig. 13.
Fig. 10.
Fig. 19.
Fig. 14.
Fig. 18.
Fig. 15.
Fig. 12.

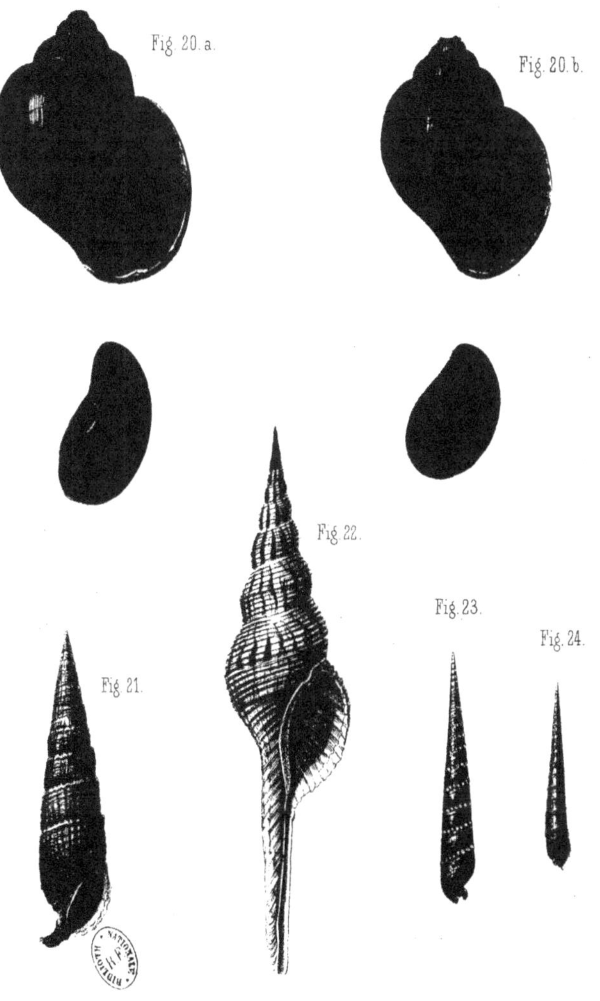
Fig. 20. a.
Fig. 20. b.
Fig. 22.
Fig. 23.
Fig. 24.
Fig. 21.

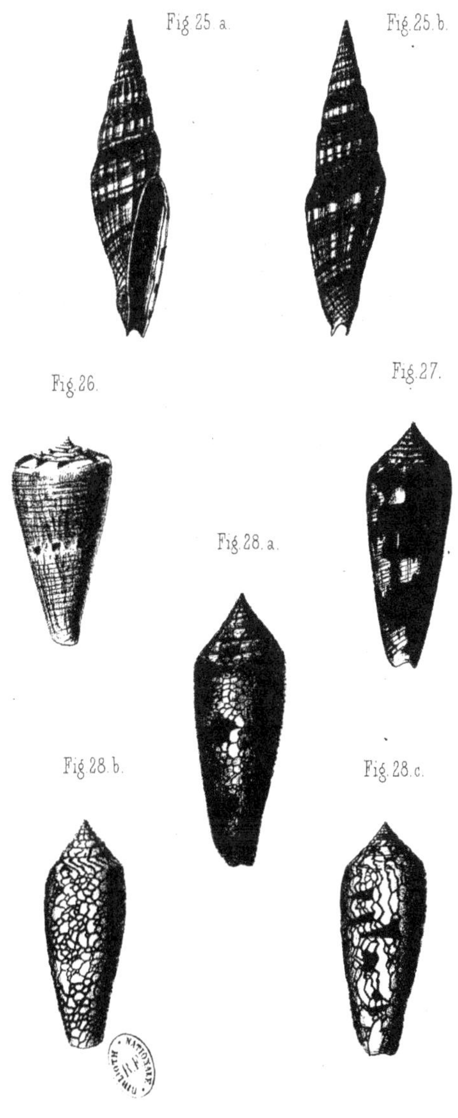

Fig 25.a.
Fig.25.b.
Fig.26.
Fig.27.
Fig.28.a.
Fig 28.b.
Fig.28.c.

Fig. 29.

Fig. 31.

Fig. 33.

Fig. 32.

Fig. 30.

Fig. 34. a

Fig. 34. b